KB049391

다녀왔습니다,

한 달 살기

다녀왔습니다,
한 달 살기

배지영 지음

시공사

프롤로그 ◇◇◇◇◇◇◇◇◇◇◇◇◇◇

떠나고 싶다는 욕망은 내 일상에서 쉽게 용해되지 않았다. 하지만 물 위에 뜬 기름처럼 살살 건져낼 수 있었다. 아파트 산책로에서 보는 개불알꽃, 상가 건물 뒤편 담벼락에 핀 홍 매화, 동네 공원의 벚꽃 군락, 자동차로 15분 거리에 있는 산 길, 한 시간 운전해서 닿는 바다에 만족하며 지냈다.

한때 내 별명은 '글루미 선데이'였다. 일요일을 집에서 보 내면 처지고 우울했다. 주말이면 산과 들과 바다에 쏘다녔 다. 멀리 갔다 올수록 겨울을 나고 올라온 보리싹처럼 보드 랍고 파릇파릇해졌다. 둘째 아이를 임신하고 대학병원에서 몇 달간 누워 지낸 뒤부터 집과 동네를 사무치게 좋아하게 됐다. 여행을 다녀오기만 하면 솟구치던 괴력은 내 변심을 눈치채고 사라져 버렸다.

지난해 10월, 담당 편집자님은 국내에서 '한 달 살기'를 체 험한 사람들의 이야기를 써보면 어떻겠느냐고 제안했다. 잘 알려지지 않은 지역이나 오래된 시골집에서 지냈던 사람들의 이야기도 좋다고 했다. 하지만 나는 요 몇 년간 여행에 갈증을 느끼지 않았다. 아이들이 있으니까, 연례 행사로 대도시에 가고 타국에 갔다 왔던 터라 조금 주저했다.

　"긴 템포로 떠나는 여행도 있다고 소개하는 책이에요. 인터뷰이 연령층도 다양하면 좋겠고요. 인터뷰 글은, 국내에서 작가님이 제일 잘 쓰실 거예요."

　담당 편집자님은 군산까지 내려와서 나를 북돋아주었다. 그날 편집자님과 군산역에서 작별 인사를 하고 뒤돌아섰는데 해가 지고 있었다. 역 앞으로 높게 솟은 건물이 없으니까 하늘과 서해 바다를 붉게 물들이고 있는 태양이 잘 보였다. "일몰 좀 보세요. 진짜 예뻐요." 나는 역 플랫폼으로 걸어 들어가는 담당 편집자님을 불러 세웠다.

　여행 갔을 때나 보는 일몰을 감상하기 위해 나는 군산역에서 하굿둑 쪽으로 자동차를 몰았다. 수평선이 해를 꼴딱 삼키기 직전에 주차했다. 바다 위로 갈매기들이 날아가는 모습을 봤다. 찰랑찰랑 물결 이는 바다는 선홍색에서 점점 어두

워졌다. 바람이 차지 않아서 좋았다. 컴컴해지는 바다를 보며 인터뷰이들에게 할 첫 번째 질문을 떠올렸다.

"한 달 살기 하는 동안 일몰과 일출을 몇 번이나 봤나요?"

인터넷에 검색해봤더니 많은 사람들이 SNS에 국내 한 달 살기를 기록해놓았다. 전쟁이 터져도 식구들을 건사하고 아기들의 예쁜 짓에 절로 웃음을 짓고 봄꽃을 보면 잠깐 시름을 잊듯, 사람들은 코로나19라는 사상 초유의 재난상태에서도 의연했다. 내일 지구가 멸망해도 한 그루의 사과나무를 심겠다는 철학자 스피노자처럼, 낯선 도시에서 마스크를 쓰고 생활과 여행이 공존하는 한 달 살기를 하고 있었다.

내가 만난 인터뷰이들은 혼자서, 부부 둘이서, 반려견을 데리고, 엄마가 두 아이와 함께, 아빠가 기저귀 찬 아들을 데리고서 떠났다. 강릉, 군산, 부산, 속초, 아산, 완주, 제주, 지리산에서 한 달 살기를 했다. 알은체할 수 있는 동네 사람들을 사귀고, 단골 가게를 만들고, 현지인의 집에 초대받고, 일몰을 보고, 규칙적으로 일하면서 시간을 소중하게 썼다.

《다녀왔습니다, 한 달 살기》를 쓰는 동안 내 일상에도 '한 달 살기 하고 싶다'는 욕망이 녹아들었다. 살고 싶은 도시와 숙소도 알아봤다. 초등학생인 둘째 아이를 데리고 가느냐 마느냐, 일은 어떻게 할 것인가를 두고 고민하다가 주저앉았다. 하지만 언젠가는 가본 적 없던 도시의 카페에서 글을 쓰고, 숙소로 들어가기 전에 일몰을 보고 싶다는 마음은 그대로다. 친밀한 타향이 있다는 건 든든하고 근사한 일이라는 걸 알았으니까.

☆

낯선 곳에서 자유롭고 담대하게 살았던 이야기를 들려준 김경래 씨, 김민경 씨, 김현 씨, 권나윤 씨, 박정선(홍성우) 씨, 박혜린 씨, 안유정 씨, 이은영 씨, 이한웅 씨, 이희복 씨에게 고마움을 전합니다. 인터뷰이들을 소개해준 박효영 씨, 설지희 씨, 송은정 씨, 원민 씨, 이수영 씨, 이창복 씨도 고맙습니다. 여러분 덕분에 《다녀왔습니다, 한 달 살기》가 세상에 나왔습니다.

2021년 5월
군산에서, 배지영

차례 ◇◇◇◇◇◇◇◇◇◇◇◇◇

#일과 생활, 생활과 일

#일하면서 놀고먹고

"나른 데 가서
한 번씩 살아봐.
서울에서 안 살고 싶을걸?"

_출판사 대표 안유정

1

#강릉 한 달 살기
#일 중독자
#삼십 대
#워라밸
#파도 살롱
#서핑

그게 무엇이 되었든 안유정 씨는 열심히 하지 않는 것을 더 어려워하는 사람이었다. 대기업에서 근무할 때 상사는 유정 씨 이마에 쓰인 '열심'을 알아봤다. 하지만 유정 씨는 매일같이 딱딱한 숫자와 서류를 보고 사는 게 막막해 퇴사를 했고 텍스트에 이끌려 출판계에 발을 들였다. 어느 날, 프리랜서로 혼자 일하는 유정 씨에게 숙소와 작업실을 제공하는 〈강원 작가의 방〉 프로그램을 친구가 귀띔해주었다. 유정 씨는 프로그램 참여자로 강릉에서 한 달 살기를 했다.

★

이제 막 강릉에 도착한 유정 씨는 지도 애플리케이션을 켜고 거리 뷰로 숙소 위치를 확인했다. 허름한 상가 건물 2.5층에 있는 원룸이었다. 큰 캐리어 하나, 김치와 밑반찬이 든 아이스박스를 들고 계단을 올라섰다. 한 달간 지낼 숙소는 긴 시간 동안 사람이 살지 않았는지 먼지가 수북했다. 유정 씨는 걸레질부터 했다. 옷장과 TV에 앉은 먼지를 털어냈다. 침대도 있고, 뜨거운 물이 잘 나오니까 살 만해 보였다.

유정 씨가 강릉에 도착했을 때는 5월 말. 한낮의 열기가 가시는 저녁에는 창문을 닫아야 했다. 주변의 조도가 차츰 낮아지고, 상가 건물에서 하나뿐인 가게마저 문을 닫자 숙소는 어둠에 포위됐다. 냉장고 돌아가는 소리만 지나치게 크게 들리던 첫날밤. 어디에 내놔도 잘 적응했던 유정 씨는 무서움을 느꼈다. 편치 못한 마음으로 뒤척이다가 분명하게 사람이 토하는 소리를 들었다. '이 상가 건물에 다른 누군가도 사는구나.' 하고 안도하며 무사히 아침을 맞을 수 있었다.

'한 달 동안 숙소와 작업실을 제공할 테니 개인 작업에 매진할 것.'

〈강원 작가의 방〉프로그램에서 내걸은 조건이었다. 지도 애플리케이션에서 확인해보니 작업실은 숙소에서 2km 거리. 이 정도면 걸어 다닐 만했다. 유정 씨는 날마다 어딘가로 간다는 생각에 설레었다. 지난 3년간 혼자 일하며 깨달은 사실은 규칙적인 출퇴근이 의외의 영감을 가져다준다는 것이었다. 숙소에서 작업실을 오가며 날마다 달라지는 풍경을 사진으로 기록하자고 마음먹었다. 강릉에서 한 첫 번째 다짐이었다.

작업실 이름은 '파도 살롱'. 60평 정도 되는 크기의 공유 오피스였다. 볕이 잘 드는 자리에는 해바라기 하기 알맞은 소파가 있었고 맞은편에는 화병이 놓여 있었다. 공용 테이블

은 다닥다닥 붙어 있지 않아 숨통이 트였다. 사이사이에 초록 식물이 자라는 화분, 신중하게 꾸민 티가 나는 서가, 깔끔하고 효율적인 실내 인테리어까지. 일이 척척 될 것 같은 분위기였다.

"알고 보니 91년생 두 명이랑 89년생 한 명이 뜻을 모아 파도 살롱을 창업한 거였어요. 공유 오피스에는 이십 대 중반이나 삼십 대 초반이 많았어요. 하고 싶은 게 많고, 재밌는 일을 계속 찾는 에너지가 정말 좋았어요. 제가 어느 순간부터 잊고 지냈던 것들을 그들에게서 본 거죠. 저에게 있어 일은 정말 중요해요. 바닷가만 왔다 갔다 하면서 놀았다면 한 달도 못 있었을 거예요. 파도 살롱을 베이스 캠프 삼아 지낸 거죠."

★

파도 살롱은 강릉 도심에 있다. 파도 살롱에서는 박력 있는 파도가 부딪히는 동해 바다 대신 2차선 도로가 창밖 너머로 보인다. 유정 씨는 일이 잘 안될 때 높게 치는 파도를 보면서 마음을 정돈하는 사람. 그럴 때는 일부러 안목 해변, 사천 해변, 순긋 해변, 사근진 해변으로 갔다. 바다가 보이는 카페는 리모트 워크를 할 수 있는 사무실이 되었다.

바다 뷰가 아름다운 강문 해변에 있는 스타벅스로 출근한 날은 저절로 혼잣말이 나왔다. "아, 진짜 좋다. 그런데 언제까지 이렇게 살 수 있을까?" 강릉에 처음 왔던 스물여덟 살 때를 떠올렸다. 서른여섯 살 여름에 강릉에서 일하고 있을 줄은 몰랐겠지. 유정 씨는 과거의 자신을 현재로 소환했다. 스스로를 다그치지 않고 남들과 경쟁하지 않는 태도로 일할 수 있게 되어 지금의 자신이 마음에 들었다.

"한 달 살기, 진짜 추천해요. 새로운 공간에서 다양한 삶을 접하는 건 좋은 경험이에요. 요새는 재택근무도 늘고 프리랜서도 많으니까, 그분들에게 먼저 트렌드가 되지 않을까 싶어요. 공유 오피스와 숙박까지 겸하는 한 달 살기 프로그램도 생기더라고요."

　강릉에서 위기는 딱 한 번 겪었다. 오랫동안 공들인 경제학 책 작업이 출간을 얼마 안 남겨두고 엎어졌다. 유정 씨가 가장 무서워하는 건 아무것도 얻어가지 못하는 상황. 재깍 '플랜 B'를 가동했다. 곧장 《연희동 편집자의 강릉 한 달 살기》책 작업에 들어갔다. 삼십 대 편집자의 일과 생활뿐만 아니라 그를 보러 강릉에 찾아온 여섯 친구들이 쓴 글도 담아 한 권의 책으로 엮어보기로 계획했다.

　같은 공간에서 하던 일만 계속하면 저 너머를 볼 수 없다. 용기를 내서 움직여야 다른 세계로 향하는 문을 열 수 있다. 그동안 서울 바깥을 눈여겨본 적 없는 유정 씨는 강릉에서 작은 도시의 매력을 알아봤다. 집값도 덜 비싸고, 편의 시설도 갖춰져 있고, 차도 밀리지 않는 작은 도시에서 사람들은 쫓기듯 살지 않았다. 유정 씨는 진심으로 친구들에게 말했다. "다른 데 가서 한 번씩 살아봐. 서울에서 안 살고 싶을걸?"

　　★

　유정 씨는 하루 중에서 오전 시간을 좋아했다. 하루가 넉

넉하게 남는 것 같아 너그러운 마음이 들
기 때문이었다. '이따가 점심 먹으러 간
다'는 기대도 한몫해 설레며 일했다. 오
후 시간에는 배경 음악 소리가 안 들릴
만큼 집중해서 출판과 외주 프로젝트 일을
해나갔다. 어떤 날은 진이 빠지고, 또 어떤 날은 맛있는 한 끼
를 먹은 것처럼 포만감을 느꼈다. 일이 끝나면 들장미가 핀
길을 따라 숙소로 돌아왔다.

하지만 가끔은 다른 길로 샜다. 한 달 살기를 하면서 몇 번
은 강릉 사람들이 최고라고 손꼽는 송정 해변으로 퇴근했다.
해변을 감싸는 소나무숲에 테이블을 펴고 감자전, 도토리묵
과 치맥(치킨과 맥주)을 먹고 마셨다. 파도 살롱 사람들과 음
악을 듣는 사이 해는 수평선을 붉게 물들여놓고 사라졌다.
해변이 어둠에 잠기면, 순간 고요했던 사람들은 스마트폰의
손전등을 켜놓고 이야기를 이어갔다. 일과를 마치고 해변에
서 즐기는 파티라니. 바라왔던 워라밸Work and Life Balance이
었다.

대도시에서 일하는 사람들은 퇴근하고 느긋하게 쉬면 뒤처
지는 걸로 여긴다. 무언가 끊임없이 하고 자기계발을 해야지
만 기습적으로 튀어나오는 불안감에 맞설 수 있다. 유정 씨도

↓ 강릉 순긋 해변에서 본 노을

한때 취미 생활에 시간과 에너시를 쏟아부은 적이 있었다. 주말에는 스터디에 나가고 인맥을 쌓았다. 내 몸값을 올려야 한다는 허상에 사로잡혀 산 셈이었다. 서른 몇 해를 살고 나서야 막연한 조바심에서 벗어날 수 있었다.

　유정 씨 인생에서 가장 평온한 때와 맞물린 강릉 한 달 살기. 강릉은 일에 집중할 수 있는 최적의 환경을 갖고 있었다. 말이 잘 통하는 파도 살롱 사람들, 바다가 한눈에 보이는 카페, 맛있는 식당에 편의 시설까지 두루 갖추고 있었다. 서울보다 물가가 싼 것도 마음에 꼭 들었다. '선비의 도시'에 산다는 자부심을 가진 강릉 사람들은 품위 있고 순박했다.

　강릉에서는 유정 씨 일상에 끼어들 사람들이 없었다. 하루는 사근진 해변에서 혼자 서핑을 하고 맥주를 마셨다. 퇴근하면 숙소로 돌아와 쌀을 씻어 안치고 소박한 밥상을 차렸다. 돈도 아낄 겸 '혼밥(혼자 밥먹기)' 하는 것이 좋아서였다.

　"어디야? 나 연남동 왔는데. 나올래?" 서울에 살 때는 친구들이 부르면 거절하지 않고 약속 장소에 나가는 편이었다. 어느 날 유정 씨는 반나절 동안 친구들과 어울리고 나서 생

활 루틴이 깨진 적이 있었다. 혼
자 일하고 혼자 결정하는 유정
씨 성향과 맞지 않아서였을지
도 모른다.

유정 씨는 무언가 해야만 꼭
의미 있는 인생이 아니란 걸 아
는 나이가 좋았다. 밤에는 느긋
하게 침대에 엎드려 스마트폰게임을 하고, 안 보는 TV도 가
끔 켜놓고, 운동하고, 영화 한 편을 보고는 잠들었다. 기를 쓰
고 뭔가 하지 않아도 되는 생활은 단순하고 담백했다. 어딘
가 얽매이지 않고 일하는 것만으로도 만족스러웠다.

"저는 마냥 쉬는 걸 좋아하지 않아요. 어딜 가든지 뭔가 해
야 하고 얻어야 하는 실용주의자예요. 그런 게 없으면 그곳
의 매력을 못 느끼겠더라고요. 예전에 인턴십 하러 미국 뉴
욕에서 한 달간 지낸 적이 있는데, 일만 하기에는 너무 아깝
더라고요. 뭐라도 만들고 싶어서 서점을 돌아다니기 시작했
어요. 그 결과물이《다녀왔습니다 : 뉴욕 독립서점》이라는 책
이었어요. 그런 의미에서 강릉은 제가 좋아하는 일을 도모할
수 있는 곳이자 여유로움을 알게 해준 곳이었어요."

✦

　강릉 한 달 살기는 끝났다. 하지만 유정 씨는 강릉에서 만난 멋진 사람들과 더 일하고 싶었다. 그들이 들려주는 이야기를 듣고 싶었다. 그래서 상가 건물 2.5층에 있는 숙소에서 한 달 더 살기로 했다. 프로그램 지원은 끝난 터라 월세를 내야 했다. 6개월이나 1년으로 계약했다면 월 30만 원이었겠지만, 한 달만 사는 사람은 55만 원. 그렇게 두 번째 한 달 살기를 시작했다.

　관광 도시 강릉. 유정 씨의 주된 관심은 자신의 바깥으로 향하지 않았다. 여행을 가면 으레 하는 것처럼 카페와 맛집을 부러 찾아다니지 않고 강릉에서도 이름난 곳에 가보려고 애쓰지 않았다. 그래서 자신을 오롯하게 들여다볼 수 있는 생활자처럼 살 수 있었다. 서울에 있으면 하지 못했을 질문을 마음에 오래 품었다가 스스로에게 해봤다. "내가 진짜 원하는 건 뭐지?"

　좋아하는 사람들에게 곁을 내주고 회사 일을 잘해내는 게 유정 씨의 사는 재미였다. 하지만 주류에서 벗어나 씩씩하고 건강하게 사는 방식에 이끌렸고 그렇게 살고 싶었다. 강릉에서 두 달간 살면서 유정 씨는 문득 인생의 1막이 끝나간다는 기분이 들었다. 인생의 2막은 남자친구와 결혼해 생활하는 걸로 마음먹었다. 유정 씨 스스로도 예상하지 못한 전개였다.

8월, 유정 씨는 두 달 만에 서울로 돌아왔다.《연희동 편집자의 강릉 한 달 살기》책 작업을 마무리하고 곧바로《아들로 산다는 건 아빠로 산다는 건》책 편집 작업에 들어갔다. 하루하루 숨 가쁜 일정 속에서도 차근차근 일을 풀어낸 덕분에 책 작업을 마칠 수 있었다. 갑자기 암 진단을 받고 수술한 어머니를 간호하며 시간도 보냈다. 다행히 어머니는 수술 예후

↓ 강릉 '테라로사' 사천점에서 바라본 창밖 풍경

가 좋았다.

유정 씨는 강릉을 그리워한다. 한 달을 살고, 아쉬워서 한 달을 더 살았던 도시는 특별할 수밖에 없다. 궤도를 이탈해 살았던 강릉에서 새로운 가능성을 가늠해봤다. 눈에 보이는 것처럼 생생하고 구체적인 계획도 몇 가지나 세웠다. 파도 살롱에서 일하는 젊은 친구들과 이야기를 나누면서 영감을 얻고 협업할 일거리도 만들었다.

이제는 서울에서 답답하고 힘든 일이 생기면 태고의 모습을 간직한 강릉의 바다를 생각한다. 출퇴근하던 길과 파도 살롱에서 만난 사람들을 떠올린다. 컨디션을 회복한 어머니와 첫 번째로 가고 싶은 도시도 강릉이다. 한 달 살기는 직장에 다니지 않고 일하는 유정 씨에게 주어진 특권이었다.

↓ 편집 숍 '희나리'에 있는 귀여운 굿즈들

◇◇◇◇◇◇◇◇◇◇◇◇◇◇◇◇◇◇◇◇◇◇◇◇◇◇◇◇◇◇◇

강릉 한 달 살기를 위한 '영수증 살펴보기'

안유정 씨는 강원문화재단 지원금 50만 원을 받았다. 아침 식사는 파리바게트의 에그 타르트와 파도 살롱에서 내린 커피였다. 점심 식사는 파도 살롱 사람들과 어울려서 먹고, 저녁은 집에서 해먹거나 사먹었다. 하지만 서울에서 친구들이 찾아오면 맛집에 가고 서핑을 했기 때문에 여행자들처럼 돈이 들었다. 강릉은 버스 배차 시간이 길어서 시외의 해변으로 나갔다가 돌아올 때는 택시를 탔다. 서울에서 혼자 일할 때보다는 생활비가 더 들었다.

숙소 월세 55만 원(1개월치는 〈강원 작가의 방〉 프로그램에서 지원)
식비 75만 원(점심 식사는 무조건 밖에서. 저녁 식사는 일주일에 두 번 정도는 숙소에서, 나머지는 외식)
대중교통 125,000원(서울-강릉 왕복 기차요금)
*안유정 씨는 서울-강릉 왕복 4회+편도 1회 기차요금을 지출했다
택시 75,000원(버스는 거의 타지 않음. 그 외에는 도보 이동)
여비 ① 35만 원(강릉으로 여행 온 친구들과 어울리며 지출한 비용)
여비 ② 15만 원(서핑, 렌트 등 혼자 여행할 때 지출한 비용)
간식 및 음료(음주) 25만 원
도서 75,000원
기념품 쇼핑 75,000원
기타 비용 5만 원

한 달 평균 245만 원
*2020년 여름 기준

처음 만나는 '파밭 뷰',
그곳에서 만난
인생 예술가들

_작곡가 김민경

2

#완주 한 달 살기

#진짜 시골

#반려견과 한 달 살기

#세상 부자

#문화 아지트 빨래터

#예술가 레지던시

클래식 음악과 공연 음악을 아우르며 활동해온 작곡가 김민경 씨는 도시의 고유한 소리에 관심을 기울였다. 독일의 라우엔부르크Lauenburg에서 레지던시 작가로 거주할 때는 800년 넘은 도시의 돌길, 정비소, 상점, 마을 사람들의 소리 등을 녹음해서 전자 음악으로 만들었다. 해외에 나갈 수 없는 상황에서 민경 씨는 완주문화재단의 마을형 예술인 레지던시 프로그램에 지원했다. 전라북도 완주군 화산면 수락마을 '문화 아지트 빨래터'에서 반려견 건도, 강토와 한 달 살기를 했다.

★

서울 강남에서 자동차로 세 시간 거리. 풍랑을 헤치거나 난기류를 만날 일 없는 여정이었다. 내비게이션에 목적지를 입력할 때는 언뜻 드넓은 호남평야를 생각했다. 고속도로에서 빠져나온 민경 씨의 자동차는 국도에서 꼬불꼬불한 산길로 들어섰다. 얼마 안 가서 보니 우체국, 농협, 학교가 있는 면 소재지가 나왔다.

여름 초입부터 퍼붓던 긴 장마가 물러갈락 말락 하던 2020년 8월 중순, 민경 씨는 수락마을에 자리한 '문화 아지트 빨래터'에 도착했다. 이곳은 원래 마을 빨래터를 끼고 있는 집이었다고 한다. 오랫동안 방치되었던 빈집은 문화를 향유하는 사람들이 드나들면서 아지트가 되었고, 별채였던 곳은 예술가들의 생활 공간으로 개조되었다.

자동차 트렁크에서 짐을 꺼내 대문으로 들어서자 옛날 한옥에 새로 기와를 올린 '문화 아지트 빨래터'가 한눈에 들어왔다. 민경 씨는 흙마당에 깔아놓은 박석을 밟고 걸었다. 마당 가운데에서 지나온 쪽을 바라봤더니 주황색 기와를 이고 있는 낮은 돌담 너머로 넓은 밭이 보였다. 세상에나! 하얗게 꽃이 핀 '파밭 뷰'라니. 민경 씨는 새로운 세계에 발을 디뎠다는 걸 실감했다.

"프로그램을 주최하는 완주문화재단에서 반려견을 데려와도 된다고 하더라고요. 제가 반려견 강토를 키우게 되면서 몇 년간 해외 레지던시에 가지 못했거든요. 처음에는 빨래터를 보고 약간 당황했어요. 아무것도 없는 것처럼 보였으니까요. 저는 어릴 때부터 줄곧 서울 지하철 2호선 강남역 인근에서 살았어요. 24시간 내내 뭔가를 사고, 쓰고, 먹을 수 있죠. 당장 없는 건 인터넷으로 주문하면 바로 오고요.”

수락마을에서는 대도시의 생활 방식을 유지할 수 없었다. 배달 애플리케이션에서 주문한다고 음식이 배달될 리 없었다. 식사를 하려면 농협 하나로마트가 있는 면 소재지로 나가서 장을 봐야 했다. 도시와 다른 시골은 한낮에 밭일하다가 폭염으로 쓰러지기도 하는 곳. 덥든 춥든 계절에 상관없는 환경에서 살아온 민경 씨는 날씨의 부하라도 된 듯 대자연을 거스르지 않았다. 너무 덥거나 장대비가 쏟아지면, 빨래터 안에서 머물렀다.

★

민경 씨는 어둠에도 재빨리 순응했다. 직업이 프리랜서 작곡가라 서울에서는 깊은 밤에도 계속 작업했다. 늦게 자고 늦게 일어나는 건 당연했다. 하지만 수락마을에서는 딴판으로 살았다. 땅거미가 내려앉고 난 뒤에는 마당에서 별 보는 거 말고 크게 할 일이 없었다. 민경 씨는 이것저것 소일거리 하다가 오후 10시쯤 건도, 강토와 잠자리에 들며 말했다. “오늘 일은 다 끝났어.”

해 뜨는 시간에 맞춰 일어나는 일상. 민경 씨는 서울 생활에 의문을 품게 되었다. 24시간 영업하는 상점들이 뒷받침해주는 삶을 표준으로 알고 있었는데, 어느 순간 흔들렸다. "애초에 사람들은 시간의 구애를 받으면서 일하고, 물건을 사고, 밥을 먹은 거였어." 마흔 넘도록 당연하게 여겨온 민경 씨의 생각들이 잘 익은 수박처럼 쩍 갈라졌다. 완주에서는 해 떨어지면 쉬는 게 편안하고 자연스러운 일상이 되었다.

언젠가 민경 씨는 부안 위도에서 여름나기를 한 적이 있었다. 바다 뷰가 끝내주는 곳이었다. 민경 씨 친구 남편 고향의 비어 있던 집에서 여행자처럼 살았다. 어느 날은 태풍이 지나갔다. 섬 곳곳은 폭탄 맞은 것처럼 부서졌고, 포구로 몰려든 쓰레기는 산더미 같았다. 민경 씨는 마을 사람들 속에 끼어서 쓰레기 치우는 일을 거들었다. 그래서일까. 마을 사람들 중 한 명이 민경 씨가 사는 집 대문에 음식을 걸어놓았다. 까닭을 모르는 민경 씨는 그대로 두었다.

"저거 왜 안 먹어요? 먹으라고 걸어둔 건디" 마을 사람이 물었다. 자기 것이라고 생각을 안 했으니 손도 안 댄 민경 씨는 관념으로만 알았던 이웃의 실체를 느꼈다.

수락마을에서는 날마다 확실한 확률로 이웃들을 만났다. 남한테 관심 안 갖고 눈 마주치지 않는 게 배려라고 여긴 서울 사람에게, 이웃들은 다가와서 빤히 쳐다보며 말을 걸었다.

"동네 분들과 이야기 나누는 사이가 되면서, 외롭다는 감정이 들었어요. 사실 서울에서도 안 외로울 리는 없거든요. 친구가 있다고 해도요. '외로워!'라고 말하면 이상해 보일까 봐 아예 외롭다는 생각을 안 한 거죠. 근데 수락마을에 오니까 혼자 사는 게 까발려져서 '나 되게 외롭네.' 그런 생각이 든 거죠. '나 외로웠는데, 아닌 척 했구나.' 솔직해진 거죠."

★

레지던시에 참여하는 작가들은 보통 빨래터에 머문 뒤에 결과물을 낸다. 하지만 완주문화재단은 마을 주민들과 소통하길 더 바랐다. 민경 씨는 처음부터 그러려고 했다. 논밭에

서 나는 화산면만의 소리를 바탕으로 전자 음악을 만들자고 마음먹었다. 일하는 어르신들 옆에 쪼그려 앉아서 같이 농작물을 다듬기도 했다. 어르신들이 편안해 하시면 "촬영해도 될까요?"라고 물었다.

오스트리아 빈 국립음악예술대학 작곡과를 졸업한 민경 씨

는 큰 오케스트라와 협업하거나 컴퓨터를 주 악기로 다루며 일해왔다. 음악 작품에 줄곧 민경 씨만의 색깔을 입혀왔다. 사람들의 목소리를 따서 곡 작업을 할 때도 텍스트와 단어들을 쪼개서 넣었다. 그런데 수락마을 어르신들이 들려주는 이야기는 그 자체로 아주 특별하게 다가왔다.

"할머니들 이야기에 매료됐어요. 깊이 있는 그 얘기들이 아까우니까 편집 작업을 안 하고 그대로 살려야겠다는 생각이 들더라고요. 어느 날은 수실마을 들어가는 첫 번째 집에서 할머니를 만났어요. 당신 몸도 튼튼하시고, 자식들도 착실하게 잘 컸고, 번듯한 집도 있으니까 그 정도면 행복한 거 아니냐고 웃는데, 세상 부자, 대단한 예술가처럼 느껴졌어요. 할머니들의 인생 노래가 잊혀져가는 구전농요처럼 소중하게 다가오더라고요."

뒤로는 산, 앞으로는 넓은 들판, 옆으로는 조그만 개울이 흐르는 빨래터에 사는 민경 씨는 이웃 할머니들의 '루틴'을 보았다. 평생을 논밭에서 일하고, 무거운 농산물을 머리에 이고 다니면서 자식들을 낳고 기른 할머니들은 삭신이 쑤시고 아프다고 말하셨다. 아침마다 물리치료를 받으러 면 소재

지로 나가기 위해 정갈한 꽃무늬 블라우스를 입고 매일 오전 7시 30분에 도착하는 버스에 오르는 일과도 자연스럽게 알게 됐다.

민경 씨는 짙은 초록으로 물든 화산면을 자동차로 달리는 게 행복했지만 완전히 그 기분에 취하지는 않았다. 체구 자그마한 어르신들은 시골길을 걸어 다니고 계셨다. 민경 씨는 어르신들이 보이면 자동차를 멈추고 태워드리고 싶다는 말을 건넸다. 20kg짜리 쌀포대를 지고 가로수 그늘로만 묵묵히 걷던 할머니는 민경 씨의 자동차 안에서 살아온 이야기를 들려주셨다.

어느 날은 적극적으로 이야기를 채집했다. 화산면은 예로부터 소로 유명했던 동네. 소 한두 마리를 외양간에서 피붙이처럼 아끼며 키웠다. 그래서 민경 씨는 되재 성당으로 가는 마을 어귀에서 만난 할머니에게 동네에 소를 키우는 어르신이 있느냐고 물었다. 할머니는 땅 한 뙈기 없이 칠남매를 키운 당신 이야기를 쏟아냈다. 꼬리로 파리를 쫓으며 순한 눈을 껌뻑이는 소 이야기를 듣지 못해도 마냥 좋은 민경 씨는 할머니에게 인생이 무엇이냐고 물었다.

"뭐긴 뭐여. 인생은 그냥 사는 거여!"

★

살아보니까 수락마을은 민경 씨에게 너무나 매력적이었다. 경치가 입 딱 벌어지게 아름다운 것도 아니고, 탁 트인 바다가 있는 것도 아닌데 그저 좋았다. 잘나지 않은 양반 같은 느낌이 들었다. 충청도와 가까워서인지 음식 맛도 요리보다는 집밥 같았다.

어느새 9월, 빨래터에는 아침저녁으로 서늘한 바람이 불었다. 민경 씨가 레지던시를 비워줘야 다른 예술가가 입주할 수 있는 시기가 다가왔다. 민경 씨는 24시간 모든 게 가능한 서울로 가고 싶지 않았다. 딱 두 달만 더 살면서 이웃이 된 할머니들 이야기를 들어보고 싶었다. 하지만 한평생 한 집에서 살아가는 마을에 월세나 전세로 나오는 집이 없었다.

민경 씨의 안타까운 사연은 마을 건너 건너로 전해졌다. 빨래터에서 자동차로 8분 거리인, 딱 일곱 가구만 사는 동네 할머니가 빈 집 있으니 쓰라고 하셨다. 2020년

10월, 민경 씨는 산으로 둘러싸인 진짜 시골집으로 들어갔다. 산에서 내려오는 물로 생활하고, 프로판 가스통을 직접 갈아 끼워서 밥해 먹는 집에 연세를 내고 이사했다.

완주문화재단에서는 완주의 농부를 예술의 장르로 재해석하는 '예술농부 프로젝트'를 진행했다. 2020년 주제는 봉동면에서 생강 농사 짓는 농부들. 민경 씨는 할머니들 이야기를 모아서 수필집 같은 오디오북으로 만들고 싶었다. 그러나 주인공인 할머니들이 오디오북을 즐기시지는 않을 것 같았다.

"이분들이 진짜로 재미있어 하는 게 좋은 거라는 생각이 들었어요. '할머니들 얘기로 가사를 만들어서 트로트를 만들고, 봉동 생강에 대한 이야기를 쓰자.' 빨래터에 오기 전에는 예술이란 게 그런 개념이 아니었거든요. 화산면에 살면서 바뀐 거예요. 트로트 반주 넣을 거예요. 작품은 필요할 때 쓰라고 기증할 거고요."

민경 씨와 친해진 할머니들은 우정의 표시로 먹을거리를 주셨다. 남편과 일찍 사별하고 사남매를 키운 옆집 할머니는 어느 날 진심으로 물어보셨다. 당신은 자식들한테 농사일 안

↑ 완주 화산면의 벚나무.
　윤대라 작가가 선물해준 스케치북에 붓펜으로 그림

↑ 완주 화산면에 자리한 '문화 아지트 빨래터'

←
민경 씨의 행위 예술 퍼포먼스.
불타는 피아노와 먼 산

시키려고 죽을힘을 다해 도시로 보냈는데, 빨래터에는 왜 도시에서 온 젊은이들이 자꾸 들어와서 있느냐고, 일자리가 없어서 뭐라도 배우러 온 줄 알았다고 진심으로 걱정하셨다.

할머니의 말이 맞긴 맞았다. 민경 씨는 수락마을에서 용접을 배웠다. 언젠가는 쓸모 있겠지 싶어 성실하게 익혔다. 목공예도 공부하러 다녔다. 이제 도마 정도는 단순하고 아름답게, 제법 쓸 만하게 만들 수 있다. 반려견들은 공방의 시끄러운 소리를 싫어해 집에 두고 다녔더니, 어느새 강토는 동네 강아지 몽실이와 연애해 도선이를 낳았다. 반려견들이 반기는 집에는 이웃들이 두고 간 뭔가가 꼭 있었다.

"저 혼자 산다고, 제가 집에 없어도 할머니들이 먹을 거를 놓고 가세요. 냉장고에 김장김치만 세 가지가 있다니까요."

여름에 온 화산면에서 민경 씨는 겨울을 지나 봄을 맞고 있다. 산세가 깊은 동네에서는 쨍하던 해가 갑자기 사라진다. 하늘이 내려앉으면서 눈이 오다가 빗줄기로 바뀐다. 서울에서는 사람들이 가진 이야기를 듣지 못했던 민경 씨는 오래 공부한 외국어가 갑자기 잘 들리는 것처럼 '노래 같은' 할머니들 이야기를 알아들었다. 어르신들 이야기를 남기고 싶은 민경 씨는 지역신문〈완두콩〉에 이렇게 썼다.

'할머니 인생의 여러 순간들이, 그 어느 대작大作보다 진실하고 스스로 울리는 노래처럼 들려, 내 가슴이 함께 울림을 완주에서 배워나간다.'

완주 한 달 살기를 위한 '영수증 살펴보기'

김민경 씨는 큰돈 들이지 않고 사는 법을 단련해온 작곡가다. 젊었을
때는 먹고 싶은 게 많았지만, 사십 대에 접어들면서 그 욕망도 잦아들
었다. 아침에 일어나서 커다란 잔에 라떼 한 잔 마시고, 오후 4시쯤에
첫 끼를 해먹거나 나가서 사먹었다. 이웃 할머니들은 우정의 표시로
먹을거리를 자주 갖다주셔서 풍족한 한 달 살기를 할 수 있었다.

숙소 0원(완주문화재단 마을형 예술인 레지던시 프로그램에서 지원)
식비 20만 원(외식 포함)
주유비 30만 원(자가용 이용, 서울-완주 톨게이트 요금 포함)
여비 20만 원(선물비 포함)
의료비와 기타 비용 5만원
반려동물 사료비 5만 원
반려동물 병원비 1만 원

한 달 평균 81만 원
*2020년 여름 기준

반려동물과 한 달 살기 할 때 알아두면
좋은 점(feat. 김민경 씨)

1. 심장 사상충, 기생충 약 등

도시에서 생활할 때보다 자연과 가까이 맞닿아 있는 상태고, 바깥에
있는 시간이 많다보니 진드기, 모기 등 벌레에 쉽게 노출되는 것 같아

요. 심장 사상충은 날짜에 맞춰 주사를 접종하거나 약을 꼬박꼬박 먹어야 안전하고, 벌레가 급증하는 늦봄~초여름 때는 기생충 약도 꾸준히 먹어야 반려동물이 안전하고 건강하게 지낼 수 있습니다.

2. 동물병원

한 달 살기 초반에 강토가 다리를 삐끗해서 또 몽실이 임신으로 동물병원에 갔어요. 우선 수락마을 30분 내에 위치한 병원은 가축병원만 있었어요. 가까운 시내에 있는 동물병원에서 받은 진료는 개인적으로 실망스러워 서울에 있는 동물병원을 다녔습니다. 혹 노견이나 지병이 있는 반려동물의 경우 믿을 만한 병원, 24시간 운영하는 병원을 미리 알고 가는 것도 중요할 듯합니다.

3. 시골 어르신들이 반려동물을 보는 관점

집에 울타리를 치거나 목줄을 해두지 않는 이상 반려동물의 바깥 외출을 막는 건 불가능합니다. 지역마다 다르겠지만 기본적으로 수락마을에서 생각하시는 '내가 키우는 강아지 또는 고양이'는 집에 묶어놓거나, 집 주변에 사는 것 같아 밥을 챙겨주는 동물까지 지칭하는 것 같습니다.

하지만 그 정성을 차라리 소에게 주자고 생각하시는 것 같아요. "뭐하려고 개한테 밥을 멕이냐!"라며 혀를 끌끌 차는 어르신들을 많이 봤어요. 한 번은 건도를 잃어버린 적이 있었는데, 혹시 내가 찾아보지 못한 곳에 건도가 있더라도 아무도 나에게 연락해주지 않을 거라는 생각에 꽤 걱정이 컸습니다.

#자녀 동반
#마음 스트레칭

"엄마, 오늘 우리 뭐해?"
계획이 없으니까
떠났다
_초등학교 교사 김현

3

#지리산 한 달 살기
#계획 없는 여행
#심심한 여행
#초등학교 교사
#여름방학
#초등학생 자녀 동반

경기도 용인에 사는 김현 씨는 주말부부라 혼자서 연호와 연진 남매를 키웠다. 아이들은 늘 물었다. "엄마, 오늘 우리 뭐해?" 물놀이라도 실컷 하면 자신이 덜 힘들 것 같아서 방학 때마다 현실도피성 한 달 살기를 했다. 첫해는 아는 사람의 도움으로 제주의 콘도에서 살았다. 하루 세 끼 밥해 먹으며 돈 안 드는 데로 골라 다녔다. 다음 해에는 지리산의 민박집으로 갔다. 이유는 하나, 숙박객에게 아침밥을 차려주기 때문이었다.

★

여름방학이 다가오고 있었다. 육아휴직 중이던 현이 씨는 아이들과 한 달 살기 할 곳을 알아봤다. 물놀이를 할 수 있고 아침밥을 주는 곳이라면 어디든 좋다고 생각했다. 마침 추석 연휴마다 지리산에 가는 친구가 그쪽에 아는 민박집을 소개해줬다. 지리산 둘레길 3코스, 경상남도 함양 금계에서 전라북도 남원 인월로 가는 길에 있는 민박집이었다(전라북도 남원시 신내면 대정리 매동마을). 1박에 3만 원, 아침밥은 1인당 6,000원이었다.

현이 씨는 계획을 세우지 않는 편이다. 인터넷 검색창에 '매동마을 민박'을 검색해 나온 첫 번째 민박집으로 예약했다. 만약을 대비해 가까운 소아과나 응급실이 있는 인근의 큰 병원도 조사했다. 생각나는 대로 부딪히며 지낼 생각이었다. 준비물은 물놀이 도구, 읽을 책들과 아이들 연산 학습지, 그리고 보드게임만 간단히 챙겼다. 현이 씨는 고속도로를 달리는 자동차 안에서 아이들에게 몇 번이나 강조했다.

"1년 전에 살았던 제주 콘도하고는 많이 다를 거야. 엄마는 그냥, 큰 산하고 계곡 보고 가는 거야. 시골이라서 여러 가지가 없을 수도 있고, 불편할 수도 있어"

실상사나 뱀사골 계곡과도 가까운 매동마을은 집집마다 민박 허가를 받은 곳이었다. 현이 씨가 예약한 민박집은 마을의 맨 꼭대기에 있었다. 자동차 한 대가 겨우 지나갈 수 있는 구불구불한 골목길을 아슬아슬하게 운전해 올라갔다. 민박집을 운영하는 할머니와 할아버지는 본채에서 지내고, 숙박객은 독립된 황토방 두 칸이 있는 사랑채에서 묵었다.

당시 초등학교 2학년이었던 연호와 일곱 살 연진이는 조그만 방에 있는 TV에 반했다. 작은 화장실이 딸린 방에는 에어컨이 없었고 문에 잠금장치마저 없었다. 하지만 크게 신경 쓰지 않았다. 지리산으로 온 첫날밤, 오후 9시에 불을 끄고 셋이 나란히 누웠다. 어린 남매의 고른 숨소리가 들렸다. 쉬

잠들지 못하는 현이 씨는 콕 집어서 설명할 수 없는 야릇함을 느꼈다. 불안보다는 기대에 더 가까운 감정이었다.

★

자고 일어났더니 늦은 장마가 찾아왔다. 물놀이를 할 수 있는 뱀사골 계곡이 코앞인데 갈 수 없었다. 민박집 할머니가 차려주신 아침밥을 먹고, 마당에서 배가 홀쭉하고 피부가 우둘투둘한 두꺼비를 만났다. 아이들은 이 느린 양서류에 대한 흥미도 금방 잃어버리고 방으로 들어갔다. 용인 집에서는 거의 안 보던 TV를 보며 마냥 행복해 했다.

비는 며칠간 그치지 않았다. 물놀이를 가지 않아도 빨래거리는 매일 생겼다. 아파트처럼 발코니가 있는 게 아니어서 민박집 본채 세탁기에서 꺼내온 빨래를 널 곳이 마땅치 않았다. 현이 씨는 인터넷 검색창에 '지리산 빨래 건조'를 검색하다가 우연히 어떤 등산객이 쓴 글에서 옷을 말려줬다는 게스트 하우스의 정보를 찾아냈다. 내비게이션으로 찍어보니 바로 옆 동네였다.

그곳은 서울에 살던 젊은 부부가 땅을 사서 공들여 지은 카페 겸 게스트 하우스였다. 현이 씨는 커피 향기를 깊게 들

이마셨다. 청포도 에이드 두 잔과 아메리카노 한 잔을 주문했다. 연호 또래로 보이는 초등학생 아이와 기저귀 찬 아기를 키우는 부부는 다정하고 친절했다. 현이 씨는 오래 참지 않고 솔직하게 본심을 말했다.

"실은 이 게스트 하우스에서 젖은 옷을 말렸다는 글을 보고 왔어요. 비용을 드리고, 저도 말릴 수 있을까요?"

"(웃음) 저희 집은 건조기가 없어요. 고추 말리는 비닐하우스에 자그마한 온풍기는 있는데, 거기다가 말리실래요? 그런데 제주도 아니고 왜 지리산으로 한 달 살러 오신 거예요?"

게스트 하우스 주인 부부는 아이들 데리고 갈 만한 곳들을 알려줬다. 첫 번째 나들이로 10분 거리의 '남원 백두대간 전시관'에 갔다. 연호와 연진이의 반응은 폭발적이었다. 너무 좋아해서 점심시간을 넘겨서까지 둘러봤다. 지역에 대한 자긍심 강한 전시관 직원은 한 달 살기에 도움 될 거라면서 본인 전화번호를 가르쳐줬다. 동네 사람들이 가는 맛집, 돈 안 들이고 백무동 계곡을 이용하는 방법, 요일마다 진행하는 실상사 무료 프로그램 등을 알려줬다.

늦은 점심을 먹은 현이 씨와 아이들은 아무도 없는 뱀사골 계곡으로 가서 물놀이를 즐겼다. 집에 갔더니 민박집 할머니가 방과 이불이 눅진눅진하다고 군불을 때놓았다. 자글자글 끓는 방바닥은 좀처럼 식지 않았다. 마치 사우나에 들어온 것처럼 아이들 얼굴이 벌개졌고, 할머니는 비어 있는 옆방에서 자라고 했다. 금방 떠나는 여행자에게는 내주지 않는 깊은 마음들을 본 날이었다.

날씨는 쨍하게 갰다. 예전에 공동 육아했던 엄마들이 아이들을 데리고 용인, 분당 그리고 대전에서 지리산으로 놀러왔다. 아이들은 마을이 쩌렁쩌렁해지도록 웃으면서 놀았다. 손 갈 일이 많지 않기도 하니 엄마들은 밤마다 마당 평상 위에 모기장을 쳐놓고 끝없이 이야기를 나눴다. 며칠 뒤 엄마들은 각자 집으로 돌아갔다. 충만함으로 가득 찬 현이 씨는 아이들

↑ 남원 삼화교 근처에서 사촌들과 즐거운 물놀이

과 함께 광주(전라도)에서 직장 다니는 남편을 만나러 갔다. 일주일 만의 가족상봉, 불안해질 만큼 모든 것이 좋았다.

★

아이들은 '지금' 재미있는 게 중요하다. 지난주에 실컷 놀았던 건 의미 없다. "심심해. 우리 오늘 뭐해?" 지리산 민박집으로 돌아온 연호는 귓속으로 파고드는 매미소리처럼 규칙적으로 물었다. 그럴 때마다 현이 씨 마음은 점점 좁아졌다. 민박집에서 차려주는 아침밥을 먹고, 아이들에게 연산 학습지를 조금씩 풀게 하고, 바깥으로 나가 맛있는 점심을 먹고 삼화교 아래서 물놀이를 했다. 연호는 놀면서도 심심하다고 말했다. 현이 씨에게는 그 말이 다른 엄마들처럼 재미있게 해달라는 말로 들렸다. 분명 물놀이를 같이하고 있는데 또 뭐를 해달라고? 현이 씨는 연호와 대판 싸웠다. '내가 애들을 위해서 여기 왔나, 쉬러 왔나, 근데 둘 중 하나라도 해결됐나.' 현이 씨는 속으로 생각했다. 짐을 싸서 민박집으로 돌아왔다. 오후 내내 머리가 지끈거렸다. 아이들은 TV를 실컷 보면서 심심하다는 말을 싹 잊었다. 잠자리에 누운 연호는 현이 씨가 좋아할 말을 건넸다.

"엄마, 우리 내일 아침밥 먹기 전에 성삼재 갈까?"

이른 아침의 성삼재는 구름에 덮여 있었다. 운해는 곧 사라지고 큰 산의 자태가 드러났다. 대자연을 보는 것만으로도 현이 씨의 마음은 샘물처럼 찰랑찰랑 감동으로 차올랐다. 하루 내내 아름다운 풍경을 바라 보고 있어도 질리지 않을 것만 같았다. 새벽에 일어나서 같이 온 아이들은 자신들이 얼마나 큰 효도를 했는지 깨달았다. 평소에는 엄마가 절대 허락하지 않는 것을 졸랐다.

"엄마, 우리 성삼재 휴게소에서 우동 먹어도 돼?"

"나는 만두하고 라면."

현이 씨는 민박집 할머니에게 아침밥 안 차리셔도 된다는 전화를 먼저 했다. 분식을 먹은 아이들은 '고성 공룡 박물관'에 가고 싶다고 했다. 현이 씨는 "옜다, 선물이다!" 말하곤 성삼재에서 한 시간 30분 걸리는 거리를 자동차로 가뿐히 몰았다. 기껏 멀리서 달려온 건데, 아이들은 공룡 뼈를 건성건성 봤다. 통영에 사는 선배네 아이를 만났을 때야 아이들은 눈을 반짝였다. 또래와 만나 어울리면 아이들은 즐거워했다. 덩달아 현이 씨 마음도 평화로웠다.

민박집으로 돌아오는 길, 현이 씨는 뒷좌석에 앉은 아이들에게 말했다. "엄마가 그동안 아낀 돈으로 지리산 흑돼지를 쏘마! 들어가서 민박집 할머니 할아버지랑 같이 먹자." 민박집에 가보니 마당에는 단체손님들이 불을 피우고 고기를 굽고 있었다. 알고 보니 매년 여름마다 가족 단위로 놀러온다는 사람들이었다. 그들은 사랑채의 남은 방 한 칸과 본채에도 짐을 풀어놓았다.

"같이 와서 먹어." 민박집 할머니가 손짓했다. 현이 씨는 손에 든 흑돼지를 보여줬다. 수원에서 왔다는 그들은 잘됐

다고, 마침 고기가 떨어졌다고 합류를 부추겼다. 그새 아이
들은 그쪽의 아이들과 어울려 놀고 있었다. 이야기를 나누
다보니 서로 엇비슷한 시기에 대학을 다녔고 취향마저 비슷
했다. 현이 씨와 그들은 "어머, 저도 그랬어요." 하고 맞장구
쳤다.

"그날은 저희한테 축제였어요. 저는 여행 가서 처음으로
친구 만나는 경험을 했고요. 밤 12시 되도록 놀고는 문지방
을 넘자마자 씻지도 못하고 잤어요. 날 밝으면 서먹서먹한
사이로 돌아가곤 하잖아요. 그런데 계곡으로 물놀이를 하러

가자고 그쪽에서 제안했어요. 어른들이 돌아가면서 아이들을 돌봐주고 놀아주더라고요. 그때 연호가 처음 다이빙에 도전했어요. 같이 있던 형들과 아저씨들이 그런 분위기를 만들어줘서 도취된 것 같아요. 평소에는 새로운 사람, 새로운 경험이란 게 피상적인 거잖아요. 여행 계획을 잘 짠다고 해도, 연호가 바위에서 다이빙 하겠다고 뛰어드는 경험은 좀처럼 할 수 없으니까요."

★

현이 씨와 아이들은 3주간 매동마을 민박집에서 보냈다. 밥 먹고 자는 일 외에는 돈을 거의 쓰지 않아서, 남은 일주일은 비닐하우스에 옷을 말리던 게스트 하우스에서 지내기로 했다. 현이 씨는 민박집 할머니와 작별하기 전에 특별한 무언가를 해드리고 싶었다. 짜장면이 가끔 먹고 싶어도 면 소재지 중국집은 한두 그릇 배달을 안 한다던 할머니의 말씀이 생각났다. "어머니(민박집 할머니), 오늘은 우리 짜장면 먹어요. 제가 살게요."

한 가족처럼 다섯 명이 둘러앉아 먹는 짜장면. 민박집 할머니는 "니들 덕분에 먹는다."는 말을 몇 번이나 하셨다. 숙박비와 밥값을 정산해서 드렸더니 아이들 과자 사 먹이라고

5만 원을 돌려주셨다. 그날 당신이 딴 사과와 지난봄에 말린 고사리까지 꼼꼼히 싸주셨다. 너무 잘 지내다가 간다고, 하지만 돈은 정말 받을 수 없다고 현이 씨는 애원했다. 민박집 할머니는 기어이 아이들 손에 1만 원씩 쥐어주셨다.

분명 매동마을은 민박촌으로 상업화된 곳이었다. 그러나 현이 씨는 먼 친척집에 놀러온 것처럼 살았다. 민박집 할머니 할아버지와 외가처럼 허물없이 지낼 수는 없었지만, 한두 밤 자고 가는 숙박객보다는 더 친근한 사이에 가까웠다. 지리산 곳곳에서 만난 동네 사람들도 이 산골에 애들이랑 한 달 살러 왔느냐고 반겨줬다. 뭐라도 도와주고 싶어 하면서 오일장과 양조장도 알려줬다.

게스트 하우스에 온 첫날, 아이들은 더 이상 심심하단 말을 하지 않았다. 서울에서 이모와 사촌들이 와준 덕분에 신이 난 것 같았다. 계곡에 가도 재미있고, 게스트 하우스 마당에 있는 해먹에서 노는 것도 재밌어 했다. 현이 씨는 인월 양조장에서 막걸리를 샀다. 게스트 하우스에서 묵는 손님들을 초대해 조촐하게 잔치도 했다. 함께 어울려줘서 고맙다는 최대한의 표현이었다.

지리산 한 달 살기는 어디에서 마무리를 하는 게 좋을까. 현이 씨는 새벽에 아이들과 성삼재로 갔다. 연호와 연진이가 좋아하는 휴게소 음식을 먹으면서 긴장하라고 당부했다. 에계, 이게 뭐람! 성삼재에서 노고단으로 가는 길은 반바지에 슬리퍼를 신고 올라갈 정도로 잘 닦여 있었다. 그러나 높고 큰 산의 정기는 가득했다. 운해는 수시로 세 명을 감싸다가도 스르르 물러가길 반복했다. 현이 씨는 노고단에 서서 생각한 것들을 오래오래 간직하고 싶었다.

→
지리산 민박집
모기장 너머로
보이는 매동마을

★

연호와 연진이는 지금 초등학교 6학년, 4학년이다. 현이 씨는 학교로 복직하고, 광주에서 회사를 다니던 남편은 이제 집에서 출퇴근한다. 어느 정도 자란 아이들은 부모가 놀아주지 않아도 자기 시간을 쓸 줄 안다. 덕분에 현이 씨도 여름방학이 마냥 막막하지는 않다. 그래도 한 번씩 물어본다.

"한 달 살기 한 곳 중에서 어디가 가장 좋았어?"
"재밌었던 데는 말레이시아 코타키나발루. 기억이 남는 데는 지리산. 제주는 몰라."

밤마다 날벌레와 모기가 달려들던 방 한 칸짜리 민박집. 계획은 없고 돈도 많이 들지 않아야 한다는 원칙을 지킨 지리산 한 달 살기. 만날 계곡에만 가고 그래서 자주 싸우고 토라지기도 했던 지리산 한 달 살기를 아이들은 특별하게 기억하고 있었다. 짚이는 건 한 가지였다. 한 달 살기 했던 제주나 코타키나발루에서는 이웃이 없었다. 지리산에서는 돌아가신 외할머니 동네에 온 손주 대하듯 동네 사람들이 알은체를 해주었다. 꺼내볼 때마다 온기가 느껴지는 이야기를 만들어준 곳은 지리산이었다.

지리산 한 달 살기를 위한 '영수증 살펴보기'

아이 키우는 집은 학기 중보다 방학 때 돈을 더 쓴다. 물놀이도 가야 하고, 전시회나 박물관도 가야 하기 때문에 미리 생활비에서 조금씩 아껴 여윳돈을 만든다. 김현 씨는 지리산에서 민박집 숙박비와 밥값 빼고는 크게 돈 쓸 일이 없었다. 원래 집에서 쓰던 한 달 생활비에다가 모아둔 비상금 50만 원을 썼다. 주말은 남편이 있는 광주에서 보냈다.

숙소 ① 3주 약 99만 원(매동마을 민박 1일 숙박비 3만 원, 주 5일 아침 식사 1인 6천 원, 저녁 식사 1인 6천 원)

숙소 ② 1주 35만 원 (게스트 하우스 1일 숙박비 7만 원, 주 5일, 아침 식사 포함)

식비 약 60만 원(점심 식사와 간식비를 합쳐 세 명이서 하루 3만 원을 넘지 않았다. 주 5일 기준)

주유비 약 30만 원(자가용 이용)

한 달 평균 224만 원

*2017년 여름 기준

초등학생 자녀와 함께 다녀오기 좋은 곳

남원 백두대간 전시관

백두대간에 대한 이해와 보전을 위해 2016년 건립된 전시관. 다양한
체험 프로그램과 기획 전시 등을 통하여 교육의 장으로 운영되고 있다.

주소 전라북도 남원시 운봉읍 운봉로 151(주촌리 594)
전화 063-620-5751
관람 시간 10:00~17:00
휴관일 월요일, 정부에서 지정한 공휴일 다음 날
입장료 어른 2,000원, 어린이 1,000원, 청소년 1,500원

고성 공룡 박물관

국내 최초 공룡 박물관. 가장 쉽게 공룡의 흔적을 만날 수 있는 곳으로
소개하고 있다. 시대별로 살았던 공룡을 만날 수 있다.

주소 경상남도 고성군 하이면 자란만로 618(덕명리 85-2)
전화 055-670-4451
관람 시간 하절기(3~10월) 09:00~18:00
　　　　　　동절기(11~2월) 09:00~17:00
휴관일 1월 1일, 설날, 추석, 월요일
　　　　　(월요일이 공휴일일 경우 공휴일 다음의 첫 번째 평일)
입장료 어른 3,000원, 어린이 1,500원, 청소년 1,500원

41일간의 일몰 감상,
우울증에서
벗어날 힘을 얻다

_두 아이 아빠 김경래

4

#속초 한 달 살기
#직장 스트레스
#우울증
#아들과 단둘이
#숙소는 일몰 맛집
#오징어 난전

김경래 씨는 연년생 터울로 태어난 아이들이 한창 예쁜 시기에 우울증을 앓기 시작했다. 직장에서 받는 스트레스를 풀 수 없어 술을 마셨고, 집안 분위기는 침울했다. 경래 씨는 한 여자의 남편, 두 아이의 아빠라는 자리를 되찾고 싶었다. 그러기 위해 떠나야만 했다. 사진작가인 아내는 일을 그만둘 수 없었고, 둘째 아이는 너무 어렸다. 경래 씨는 32개월 된 아들 동해와 단둘이 속초 동명항으로 갔다. 2019년 8월 21일부터 9월 30일까지, 날마다 숙소에서 일몰을 보며 저녁밥을 먹었다.

⭐

‘마음의 감기’라고도 불리는 우울증은 사람의 후각을 앗아간다. 달달하고 시큼한 아기 특유의 냄새를 맡지 못하게 한다. 증상이 심해지면 귀와 눈도 어두워진다. 볼이 통통한 아기가 다가와서 눈을 맞춰도 크게 웃지 못한다. 마침내는 촉감마저 무딘 사람이 되고 만다. 마치 주사를 맞은 것처럼 무감각해져서 보들보들한 아기가 주는 행복을 모르게 된다.

감기는 병원에 가면 일주일, 병원에 안 가면 7일 만에 낫는다고들 한다. 마음의 감기는 시간이 흘러도 저절로 좋아지지 않는 병이다. 회사에서 쌓인 스트레스를 술로 풀어온 경래 씨는 아기 냄새가 폴폴 이는 집안에서 아내와 티격태격했다. 귀하고 예쁜 아기들이 있는데도 왜 이럴까. 경래 씨는 자책하며 술을 마시고 혼자만의 동굴 속으로 들어가 버렸다.

"저 때문에 가족들이 힘들어지는 걸 원치 않았어요. 회사를 그만두고 집에서 고민해봤자 제 속만 갉아먹는 기분이었습니다. 전환점이 필요했어요. 저는 경기도 일산 토박이지만 마음의 고향은 속초거든요. 친구들끼리 처음 여행 간 곳도 속초고, 운전면허 따고 처음 간 곳도 속초 동명항이에요. 해마다 속초에 갔어요. 그래서 생각해낸 게 속초 한 달 살기였습니다."

마음을 굳히고 나니까 생기가 차올랐
다. 경래 씨가 생각한 최적의 숙소는
세 가지 조건을 갖춰야 했다. 응급실
있는 병원이 가까울 것, 동명항이 보일
것, 오징어 난전이 코앞이어야 할 것. 경래
씨는 네이버 카페 '일 년에 한 도시 한 달 살기'에서 조건에
딱 맞는 아파트를 알아냈다. 속초 맘 카페에 가입해 속초 생
활에 필요한 정보를 수집하고, 회원들이 추천해주는 소아과
도 꼼꼼하게 살폈다.

경래 씨는 기저귀도 떼지 않은 동해가 속초에서 잘 적응하
기를 바랐다. 집에서 갖고 노는 장난감을 골고루 챙겼고, 밥
먹을 때 앉는 전용 소파, 동해만 쓰는 이불과 베개, 식기 세
트, 좋아하는 책, 세안 용품을 놓치지 않았다. 일산보다 가을
이 빨리 오는 속초의 날씨를 고려해 바람막이와 긴소매 옷도
챙겼다. 체온계와 비염 치료기, 비상약 등 빠진 건 없는지 몇
번씩 확인하며 짐을 꾸렸다.

★

속초로 떠나는 날 아침, 아내는 경래 씨를 붙잡았다. 열 경
기를 앓은 적 있는 동해 몸이 갑자기 불덩이처럼 뜨거웠다.

젊은 부부는 서로 긴 얘기를 나누지 않았지만, 눈이 뒤집힌 채 기절한 아이를 데리고 병원으로 달려가던 날의 고통을 떠올렸다. "동해 열 내리면 가." 아내는 경래 씨에게 말했다. 며칠 뒤에 떠나도 되는 거 아니냐고 되물었다.

"머리가 복잡했죠. 하지만 계획대로 동해를 데리고 출발했습니다. 일산에서 속초까지 230km, 휴게소마다 들러서 계속 동해 열을 체크했어요. 체온이 39도에서 점점 떨어지더라고요. 속초에 도착해서 한 손으로는 아이를 안고, 한 손으로는 짐을 들고 주차장에서 숙소 거실까지 일곱 번 왔다 갔다 했어요. 속초에서 지낸 41일 중에서 첫날이 가장 힘들었습니다."

숙소는 아파트 11층. 거실 통창으로 바다가 한눈에 보이는 숙소는 사진으로 볼 때보다 훨씬 근사했다. 동명항, 속초 시장도 도로만 건너면 금방이었다. 경래 씨가 아이처럼 환호성을 지를 만큼 좋아하는 오징어 난전은 걸어서 1~2분 거리, 코앞이었다. 설악산에 걸쳐 있다 동해 바다로 지는 해를, 동해와 감상하는 일상이 시작됐다.

다음 날 아침에 일어나 거실 통창을 바라보니 드넓은 바다가 진한 주황색으로 물들어 있었다. 해는 수평선 위로 머리

↑ 숙소에서 바라본 속초 동명항의 아침

를 내밀었다. 경래 씨는 대자연이 주는 선물을 소중하게 받기 위해 차 한 잔을 준비했다. 어느새 커다랗고 동글동글한 붉은 해가 수평선 위로 쑥 떠올랐다. 아무 말도 필요 없었다. 경래 씨 곁에서 티 없는 얼굴로 자고 있는 동해 얼굴이 너무나 사랑스러웠다.

경래 씨는 규칙적인 생활을 꾸렸다. 어린이집 다니는 일상처럼 동해를 오전 8시에 깨웠다. 두 사람은 간단히 아침밥을 먹은 뒤에 커플모자를 썼다. 날마다 같은 시간대에 숙소에서 나왔다. 경래 씨는 동해를 유모차에 태우고 아기자기한 옛 감성이 남아 있는 동명항으로 갔다. 경치가 아름다운 영금정까지는 걸어서 5분 걸렸다. 산책로는 동해 바다를 비추는 동명항 등대로 이어졌다.

숙소로 돌아와서는 점심을 먹고, 오후 1시에 동해를 재웠다. 짧은 낮잠을 잔 동해가 개운한 얼굴로 일어나면, 경래 씨는 동해를 데리고 등대 해수욕장으로 갔다. 이곳은 사람이 많고 넓은 속초 해수욕장과는 달리 조붓해서 뛰놀기 딱 좋았다. 경래 씨와 동해는 연을 날리기 위해 바람을 가르고 뛰어 다니거나 모래놀이를 했다.

★

동해의 이름은 경래 씨가 지었다. 동해 바다처럼 넓은 마음을 가진 사람으로 자라길 바라는 마음이었다. 동해는 날마다 동해 바다를 바라보며 모래놀이를 했다. 처음에는 백사장에서도 운동화를 신었다. 이리저리 뛰어놀다 보면 바닷물에 젖은 신발에는 고운 모래가 가득 들어 있었다. 경래 씨의 중요 일과가 하나 늘었다. 숙소로 돌아가 동해 운동화를 세탁

하는 일이었다.

"나중에는 속초 시장에서 5천 원 주고 고무신을 샀어요.
모래놀이 하고 나서 고무신을 탈탈 털면 세탁 끝이니까요.
더러워져도 물로 닦으면 다음 날 바로 마르고요. 동네 할아
버지, 할머니들이 동해를 보고는 조그만 애기가 고무신 신고
있다고 예뻐해주셨어요."

속초 시장은 숙소에서 걸어가면 5분 걸렸다. 경래 씨와 동
해는 각종 시장 음식들을 시식하고 온갖 물건들을 구경하고
는 꼭 막걸리 술빵을 사가지고 숙소로 왔다. 오징어 난전에
도 매일 다녔다. 시세는 조금씩 바뀌어서 1만 원에 2~4마리
를 줬다. 날마다 세계에서 최고로 맛있는 오징어회를 먹었을
뿐인데, 경래 씨 마음을 짓누르던
돌덩이들은 잘게 부서져서 떨어
져나갔다. 속초에서 경래 씨는 가
뿐한 기분을 느꼈다.

"동해 아빠! 동해 아빠 왔어?"

어느새 속초 시장 상인들은 경
래 씨가 동해를 데리고 지나가면
알은체를 했다. 오징어 난전 '18호 아바이' 사장님은 경래 씨
에게 특별히 더 맛있고 싱싱한 회를 내주었다. 동해를 예뻐
하는 속초 시장 '동해 순대국' 사장님은 1인분 포장주문을 하
면 맵지 않게 신경써서 순댓국 2인분을 싸주었다. 그런 마음
을 안다는 듯이 동해는 순댓국을 잘 먹었다.

세 살 아이와 24시간 붙어 지내는 경래 씨의 신경은 속초
에서 내내 스위치 온 상태였다. 동해의 비염 치료를 위해 '김
소아청소년과의원'에 다닐 때도, 시장에서 장을 볼 때도, 숙
소에서 세 끼 밥을 차리고 치울 때도, 청소를 할 때도 동해한
테 눈을 떼지 않았다. '아! 딱 한 시간만 쉬고 싶다.' 삼십 대
의 건장한 아기 아빠도 방전 직전까지 갔다.

★

너무 보고 싶던 아내와 둘째 아이가 속초에 왔다. 특별한
건 없었다. 두 사람이 하던 산책을 네 사람이 같이 다녔다. 바
다에 가서 모래놀이를 하고, 시장 구경을 하고, 맛있는 음식
을 먹고, 아무것도 아닌 일로 같이 웃었다. 세 밤을 잔 아내가
둘째 아이만 데리고 일산으로 돌아가는 날, 동해는 엄마를

붙잡지 않았다. 아빠하고 속초에서 노는 게 더 재미있다고 '쿨하게' 헤어졌다.

　속초에서 내내 걸어다닌 경래 씨는 일주일에 한두 번씩 자동차를 타고 야외로 나갔다. 동해 낮잠 시간인 오후 1시에 숙소에서 출발했다. 자동차로 40분 걸리는 대관령하늘목장에서는 트랙터 마차를 타고 산 정상에 올라갔다. 양과 교감하면서 논 동해의 신발 바닥에는 양 배설물이 덕지덕지 붙어있어서 냄새가 지독했다. 숙소로 돌아온 경래 씨는 동해 운동화를 빨았다.

동명항에서 자동차로 20분 걸리는 낙산사는 몇 번이나 갔다. 동해는 유모차에 타지 않고서 매표소부터 정상까지 걸었다. 아름다운 경치를 보는 경래 씨 마음은 한없이 편안했다. 동해 눈높이에 딱 맞는 화진포 생태 박물관에도 들렀다. 화진포에 서식하는 동물, 어류, 천연기념물을 보고 김일성 별장과 이승만 별장까지 다녀왔다.

동해는 한 달 살기 중 딱 한 번 울었는데, 설악산 국립공원에 갔을 때였다. 경래 씨는 울창한 숲속에서 뛰노는 동해 모습을 보며 '나는 행복한 놈'이라고 생각했다. 매표소부터 케이블카 타는 곳까지 이어진 산책로는 끝내주게 아름다웠다. 정상에 올라 풍경 전체를 본다면 굉장할 것 같았고 동해한테 보여주고 싶었다. 그래서 케이블카를 탔다.

"예상 못했어요. 동해는 케이블카가 무섭다고 울더라고요. 그런데 케이블카에서 내리면 곧바로 정상이 아니고 15분 정도 걸어 올라가야 했어요. 동해 몸 상태는 점점 나빠졌고, 날씨는 너무 더웠어요. 동해를 안고, 카메라 가방을 메고

걷는 게 진짜 힘들었습니다. 정상에 올라가면 시원한 느낌이
있어야 했는데……. 빨리 숙소로 돌아가야겠다는 생각이 들
정도였어요."

　　★

　경래 씨는 속초에 가면 밥을 잘 차려 먹겠다고 작정했다.
하지만 모든 것이 잘 갖춰진 완벽한 숙소에 밥솥만 없었다.
경래 씨는 속초 시장에서 조그만 가마솥을 2만 원 주고 샀다.
처음부터 솥밥을 잘 지을 리 없었다. 설익은 밥에 물을 부었
더니 죽도 밥도 아니게 됐다. 시간이 더 지난 뒤에야 고슬고
슬한 밥을 짓고 누룽지를 끓이는 경지에 올랐다. 경래 씨가
할 줄 아는 음식은 볶음밥, 카레, 미역국, 콩나물국, 계란국,

된장찌개. 집에서 싸온 백김치와 밑반찬은 넉넉했다. 경래 씨는 속초 시장에서 산 대패 삼겹살과 닭 안심살을 동해에게 구워주었다. 가끔은 '대청마루'의 두부, '정든식당'의 장칼국수, '별주부네물곰탕'의 꼴뚜기 회무침, '그리운보리밥'의 청국장을 포장해와서 먹기도 했다.

"저녁에는 통창 쪽으로 밥상을 차렸어요. 날마다 일몰을 보면서 밥을 먹었거든요. 동해는 아빠가 심한 우울증이라는 걸 몰랐죠. 만약에 우울증이라는 것을 아는 나이였다고 해도, 전혀 눈치채지 못하게끔 하루하루 최선을 다했습니다."

→
속초 어디를 가도
행복했던 그때

산책하고 모래놀이하고 장 봐서 밥상을 차리고 일몰을 보며 저녁밥을 먹는 단순한 일상. 한 달 살기는 경래 씨를 단숨에 '슈퍼 히어로'로 만들어주지 않았다. 동해와 같이 책을 읽고 잠들고 일어나면 마주 보고 웃는 생활을 반복하며 켜켜이 쌓여 있던 불안과 스트레스에서 조금씩 멀어질 수 있었다. 경래 씨는 해결되지 않는 문제들과 거리 두는 방법을 터득했다.

일산 집으로 돌아오기 전날 밤, 경래 씨는 동해가 잠든 틈에 자동차 트렁크에 짐을 갖다 싣기 위해 몇 번이나 주차장을 왔다 갔다 했다. 지하로 내려가는 엘리베이터를 기다리며 경래 씨는 생각했다. 삶에서 가장 행복했던 순간이 속초에서 동해와 보낸 날들이었다고. 일자리를 구한 다음에 여행을 계획했다면 영영 오지 못했을 거라고.

"마지막 날에 집주인을 만났어요. 머무는 동안 너무 좋았다고 말씀드렸죠. 그런데 갑자기 먹먹해지더라고요. 속초에서 지낸 날들이 파노라마처럼 쭉 생각나더라고요. 저에게 한 달 살기는 새로운 도전과 앞으로의 변화를 위한 노력이 아니었어요. 아빠로서, 남편으로서, 가장으로서, 제자리를 찾아가기 위한 과정이었어요. 진짜 소중한 시간이었죠.”

　그 뒤로 1년 6개월이 지났다. 경래 씨는 아내와 서로 다정하다. 연년생 두 아이를 보며 크게 웃을 줄 알고, 아이들 크는 모습을 블로그와 유튜브 ‘날아라 동해야’에 기록한다. ‘내가 왜 우울증이야?’ 부정하지 않고 긍정하며 치료하고 술도 끊었다. 하지만 여행은 여전히 속초 동명항으로 간다. 오징어 난전의 상인들은 경래 씨를 보고 반갑게 알은체를 한다.

　“동해 아빠! 동해 아빠 왔어? 동해는 훌쩍 컸네. 어린이가 다 됐어!”

속초 한 달 살기를 위한 '영수증 살펴보기'

김경래 씨는 나이키 마니아. 속초 한 달 살기 비용은 애지중지 사 모았던 한정판 운동화를 팔아서 마련했다. 속초 시장과 오징어 난전에서 산 찬거리로 밥을 해먹었다. 유명한 두부나 순대국밥을 포장해 와서 먹기도 했다. 날마다 아들 동해를 유모차에 태우고 숙소 근처의 동명항, 영금정, 등대 해수욕장에 다녔다. 일주일에 한두 번은 자동차를 타고 낙산사, 대관령 하늘목장, 설악산 권금성, 화진포 생태 박물관에 갔다. 먹고 자는 것 말고는 큰돈을 들이지 않았다.

숙소 120만 원(관리비 포함)
식비① 약 50만 원(주로 속초 시장에서 장봐서 밥을 해 먹었음)
식비② 약 50만 원(아내와 둘째 아이, 처제네가 다녀갔음)
주유비 약 20만 원(자가용 이용)
의료비 3만 원(소아과에서 2주간 동해 중이염 치료)
기타 비용 약 5만 원(낙산사, 설악산 권금성 등 입장료)
생필품 약 10만 원(냄비, 기저귀 등)

한 달 평균 258만 원
*2019년 가을 기준

미취학 자녀와 함께 다녀오기 좋은 곳

대관령 하늘목장

말, 염소, 양과 자연을 직접 체험하는 자연 순응형 목장이다. 400여 마리 젖소, 100여 마리 면양, 40여 마리 말들이 '자연 생태 순환 시스템'에서 살아간다.

주소 강원도 평창군 대관령면 꽃밭양지길 458-23(횡계리 산 1-134)
전화 033-332-8061
관람 시간 09:00~17:30
휴관일 연중무휴
입장료 어른 7,000원, 어린이 5,000원

화진포 생태 박물관

화진포는 강 하구와 바다가 만나 형성된 석호다. 화진포 생태 박물관은 화진포 호수의 생성과정, 동식물의 생태계를 관찰할 수 있는 곳이다. 근처에 김일성 별장, 이승만 별장, 이기붕 별장도 관람할 수 있다.

주소 강원도 고성군 거진읍 화진포길 278(화포리 590-2)
전화 033-681-8311
관람 시간 09:00~17:00
휴관일 연중무휴
입장료 어른 3,000원, 어린이~청소년 2,300원

#은퇴맞이 장기여행

#제주 한 달 살기

생애 첫 일탈,
하지만 퇴근 시간은
언제나 오후 4시 30분

_중학교 교사 이은영

5

#제주 한 달 살기

#직장 생활 25년차

#연년생 대학 입시

#자녀 뒷바라지

#제주 올레길

#원픽

이은영 씨는 혼자만의 시간을 가진 적이 없었다. 연년생 자녀들이 어릴 때는 식구 넷이서 주말과 방학마다 전국 곳곳의 박물관에 다녔다. 역사학자가 되고 싶다는 큰아이와는 같이 책을 읽곤 했다. 시간이 흘러 고등학교 3학년이 된 딸에게는 퇴근하고 저녁 도시락을 챙겨다 주었다. 1년 후, 기숙사에서 밤새 게임할까 봐 스스로 경계하는 고등학교 3학년 아들에게는 오후 6시에 인강(인터넷 강의)용 아이패드를 갖다 주고, 오후 10시에 다시 가져왔다. 직장 생활 25년차, 은영 씨는 자녀들의 대학 입시 뒷바라지를 끝내면 스스로에게 선물을 해주고 싶었다. 2016년 새해 첫날, 그래서 은영 씨는 제주 서귀포에서 아침을 맞았다.

★

중학교는 4월 중간고사(1차 고사)를 끝마치면 분위기가 바뀐다. 판타지 동화 속 세상도 아닌데, 시험 끝난 학교 운동장과 교실에 누군가가 마법 가루를 뿌려놓은 것 같다. 봄꽃이 지고 포근한 바람이 부는 교정에서는 크고 작은 사건들이 일어난다. 때로는 학교 밖 사람들까지 개입하기에 교사들은 감정 노동을 더 해야 한다.

오십 대에 접어든 중학교 교사 은영 씨. 일하면서 올라온 감정은 집으로 가는 길에 식혔다. 더 젊었을 때는 그걸 잘 다스리지 못했다. 집에서 하루 종일 기다린 딸과 아들이 반갑게 달려들면 "엄마 오늘 힘들었어."라고 말한 적도 있다. 그게 후회되는 은영 씨는 고등학생이 된 아이들에게 "오늘 어땠어?"라고 먼저 묻고 다가갔다.

"직장에 다니면서 자녀들 양육하는 게 힘들긴 했죠. 그래서 저는 일탈을 꿈꾸었어요. 둘째 입시 공부 끝나면 수험생 엄마였던 나에게도 선물이자 상을 주자고요. 그게 제주 한 달 살기였죠. 저는 친구들하고 어디 가서 한밤 자고 온 적도 거의 없었어요. 그냥 저희 식구 네 명이서 다녔어요."

은영 씨가 생애 최초의 일탈을 선언했을 때 식구들 중 누구도 이의를 제기하지 않았다. 제주에 사는 지인을 통해 숙소를 구해준 남편, 원하는 대학교에 합격한 아들, 학업에 전념하는 대학교 1학년 딸은 은영 씨와 함께 서귀포에 도착했다. 2016년 1월 1일부터 4일까지, 함께 시간을 보냈다.

방 두 개에 거실이 있는 연립주택. 안온한 숙소를 소개해준 이의 아내는 귤밭을 하고 있었다. 귤밭 주인은 고맙다는 인사를 하러 온 은영 씨네 식구들에게 귤 좀 같이 따자고 부탁했다. 처음 하는 일이라서 서툴렀지만, 신기한 마음이 앞서서 모두 열심히 했다. 돌아오는 은영 씨의 자동차 트렁크에는 귤과 무, 양배추가 넉넉하게 실렸다.

"제주에 혼자 있었던 날은 손으로 꼽을 정도예요. 남편과 아들이 돌아갈 때 딸이 남고, 딸이 가고 나니까 큰언니가 왔죠. 처음에는 딸과 둘이서 올레 1코스 양배추밭을 걷기 시작했어요. 휘익! 휘익! 우리 말고 아무도 없는데, 제주의 바람 소리는 공포영화에 나오는 것처럼 기괴했어요. 어느 순간에 둘이 딱 눈이 마주쳐요. '엄마 좋아?' 하고 딸이 묻죠."

딸과 함께 여행할 때는 바다가 보이는 카페에 갔다. 딸은 그림을 그리거나 책을 읽거나 스마트폰을 했다. 은영 씨는 바다를 보다가 해변으로 나갔다. 천천히 걸으면서 멀리 있는 아름다운 풍경들을 사진으로 남겼다. 피었을 때 한 번, 땅에 떨어져서 한 번 더 아름다운 동백꽃을 찍은 날도 있었다.

이십 대 딸에게 여행은 인스타그램에 올릴 '원픽One Pick' 사진을 찍는 것, 예쁘고 귀여운 것들을 보는 것, 맛있는 음식을 먹고 쉬는 것. 일상을 치열하게 사는데 여행 와서까지 쉴

새 없이 돌아다니는 일정을 저어했다. 카페에 들어가면 세 시간도 있는 딸아이가 효도하느라고 같이 걸었다. 비가 오든 눈이 오든, 걷고 싶은 은영 씨는 궂은 날에는 안전하고 산뜻한 실내를 목적지로 삼았다. 제주 유리 박물관처럼 입장료 내는 곳으로 갔다.

✳

　제주에서 한 달 살기는 생활 50%, 여행 50%였다. 교사의 출근 시간은 오전 8시 반, 은영 씨는 그 시간에 맞춰 아침 식사만 챙겨먹고 나왔다. 딸이 집으로 돌아가고 나서는 이중섭 미술관 쪽을 혼자 걸었다. 언제나 여행자가 많은 올레 5코스와 7코스도 선호했다. 김녕 해수욕장이 있는 올레 20코스를 걷다 보면 사람 사는 마을과 이어졌는데 예술가들의 손길이 닿은 그 길은 편안하고 아름다웠다. 교사의 퇴근 시간은 오후 4시 반, 은영 씨는 일탈하러 왔으면서도 딱 그 시간에 숙

소로 들어와 청소하고 빨래하고 밥을 해먹었다. 그러고 나서
는 식구들이 잘 있는지 스마트폰으로 확인했다. 입시 공부에
서 벗어난 아들은 밥상 차리고 치우는 일로 딸과 티격태격했
다. 멀리 왔어도 엄마의 역할을 놓지 않고 아이들 각자의 이
야기를 들어주었다.

은영 씨의 남편은 주말에 제주로 왔다. 풍경이 다 똑같아
보인다면서 올레길을 하염없이 걷는 걸 좋아하지 않았다. 자
동차를 놓았던 곳으로 다시 택시를 타고 오는 것도 마음에
들지 않았지만 아내 은영 씨가 걷는 걸 좋아하니 어쩌랴. 은
영 씨도 남편을 배려해서 오래 걷지 않는 곶자왈로 갔다. 한
시간 반 정도를 걸은 뒤에 밥을 먹고 조금 더 걸었다.

"제주에서는 큰언니랑 걸은 게 가장 좋았어요. 언니도 딸

들이나 형부 없이 처음 하는 여행이었어요. 김포공항에서 티케팅까지 형부가 다해줬는데, 혼자 비행기에서 얼마나 긴장을 했는지 입술이 다 부르텄대요. 제주공항에서 자동차에 탄 언니의 첫 마디가 뭔 줄 아세요? '서귀포 시장 가자. 갈치 사서 너 갈치찜 해주려고 왔어.' 그건 저에 대한 온전한 사랑이잖아요."

은영 씨와 큰언니 사이에는 둘째 언니가 있었다. 자매들은 병으로 일찍 세상을 떠난 둘째 자매에 대한 애틋함을 서로에게 쏟는 사이다. 은영 씨와 언니는 치매에 걸려서 요양병원에 있는 친정어머니가 젊었던 시절, 자매들도 티 없던 유년시절을 곱씹었다. 올레길을 걸으면서, 멈춰서 바다를 보면서, 숙소에서 갈치조림을 먹으며 끊임없이 이야기를 주고받았다.

"언니, 집에 가끔 오던 그 할머니 있잖아." 은영 씨가 운을 떼면 큰언니는 바로 누군지 알아들었다. 언니가 이사 간 곳을 얘기하면 은영 씨는 "가로수가 마치 막대기 푹푹 꽂아놓은 것 같았지?"라고 맞장구를 쳤다. 자매들은 유년시절의 동네와 옛사람들을 이야기하다가 마지막에는 꼭 목이 메었다. 언제나 먼저 떠난 둘째 언니가 생각났으니까.

↑ 제주 종달리 해안 도로.
뚜벅이 여행자를 응원하는 파도 소리

어느 날은 같이 걷던 큰언니가 급히 화장실을 찾았다. 근처에 공중화장실이 없어서 가장 가까운 호텔로 들어갔다. 볼일을 마친 언니는 나가자고 했고, 은영 씨는 순순히 따랐다. 자매는 호텔 정원에서 준비해간 우유와 커피를 마셨다. 하지만 완벽한 것 같던 그 순간은 언니가 서울로 돌아가고 나서부터 아쉬움으로 변했다. '그런 시간이 언제 또 온다고 그랬을까. 호텔 커피숍에서 언니한테 따뜻한 자몽차를 사줬으면 얼마나 좋았을까.'

★

육지 사람인 은영 씨는 까만 돌, 파란 바다, 쨍한 하늘이 있는 제주가 갈수록 좋아졌다. 마음껏 걷고, 돌아가는 길에는 바다를 보며 차 마실 수 있는 족욕 카페에 종종 들렀다. 산뜻한 몸과 마음으로 숙소에 돌아오면, 연립주택 중앙 출입구 노란 박스에 귤이 가득 차 있었다. 필요한 사람은 가져가서 먹어도 된다고 했다. 식이요법을 해야 하는 은영 씨는 집에서 챙겨간 녹즙기로 제주의 귤과 양배추즙을 마시며 나날이 건강해졌다.

"'좋다! 좋다!' 제주에서 참 많이 한 말이에요. 출퇴근하

듯 걷고 한없이 바다를 바라봤죠. 그 중에서 감성적으로 가장 와 닿았던 곳은 마라도의 '달팽이 성당'이에요. 나지막한 언덕 같은 섬에 곡선으로 되어 있는 작은 성당이 감동적이었어요. 그 조그마한 마라도에 절도 있어요. 현무암에 새겨놓은 불교 특유의 문양들. 아름다웠죠."

한 달 살기 마지막 주간에는 은영 씨의 아들이 왔다. 아들은 19년치 효도를 한꺼번에 하려는 듯 아침마다 물었다. "엄마, 오늘은 어디 걷고 싶어?" 은영 씨는 올레길이나 오름이 아닌 숲으로 가자고 했다. 어느 날은 숙소에서 나왔더니 하늘이 낮고 어둡게 가라앉아 있었다. 엄청나게 많은 배들이 포구로 들어오고 있었다.

"꼭 학익진 같네. 무슨 일 있나 봐." 육지 사람인 은영 씨는 아들에게 대수롭지 않게 말했다. 먼바다의 기상이 안 좋아서 피항왔다는 걸 몰랐으니 용감하게 가던 길을 갔다. 내비게이션이 안내하는 곳은 사려니 숲길이었다. 중산간도로 못 미쳐

서부터 하늘이 컴컴하게 가라앉고 진눈깨비가 내렸다. 도로
에는 살얼음이 끼고 그 위로 눈이 쌓였다.

　눈 오는 제주에서는 내비게이션에 최종 목적지를 입력하
면 안 됐다. 내비게이션이 안내하는 빠른 길로 가다가는 폭
설에 갇힐 수 있었다. 은영 씨는 종이 지도를 펴고 가고자 하
는 곳으로 이어진 큰 도로들을 살폈다. 그리고는 중간쯤을
목적지로 설정하고 도착한 다음에 다시 목적지를 설정했다.
실제로 여행자들은 렌터카를 도로에 두고 몸만 빠져나갔다.

　"몇십 년 만의 폭설이라고 했어요. 비행기도 며칠간 멈췄

죠. 그때 저도 배운 게 있어요. 그 어려운 환경에서도 서귀포 중문에서 공항까지 리무진이 다녔거든요. 아시아나 대한항공은 계속해서 승객한테 연락을 주더라고요. 항공료를 조금 더 지불하면 위급상황에서 그만큼의 혜택을 볼 수 있는 거예요. 저가항공으로 들어온 대학생들은 돈이 없으니까 숙소도 잡을 수 없고, 공항에서만 계속 대기하는 거죠."

제주 한 달 살기의 끝에는 아쉬움이 파고들 겨를이 없었다. 한없이 평온하고 좋아보이던 대자연이 눈에 들어오지 않았다. 목표는 하나, '탈 제주'였다. 눈이 그치고 하늘길과 바닷길이 열리자 여행자들은 일제히 움직였다. 은영 씨는 아들과 함께 제주항 여객선 터미널로 갔다. 육지의 식구들은 무사히 집에 도착하기만을 바랐다.

★

은영 씨는 호수 공원이 내려다보이는 아파트의 꼭대기 층으로 돌아왔다. 호수를 감싸고 있는 산 뒤쪽에서부터 해가 떠오르는 게 보였다. 한겨울에는 거실 소파에 앉아서 주홍빛으로 물든 아침의 호수를 바라봤다. 그래도 제주가 그리웠다. 시간이 나면 금요일 오후 비행기를 타고 제주로 갔다. 걷고 쉬고 다시 걷다가 일요일 저녁에 돌아왔다.

이제 은영 씨에게 제주는 '원픽'이다. 내년에 퇴직하면 제주에서 사계절을 날 작정이다. 퇴직한 남편과 같이 온전하게 제주의 자연을 느껴볼 계획이다.

제주 중문 한 달 살기를 위한 '영수증 살펴보기'

제주에서 이은영 씨는 자신의 일상을 위해서 돈을 썼다. 점심 한 끼는 외식하던 방학처럼 지냈다. 산책하고, 밥 먹고, 커피 마시고. 어느 정도 아이들을 키운 교사의 방학 생활을 제주로 가져간 셈이었다. 남편에게 제주 갔다 와서 이번 달 생활비가 펑크 났다는 말은 안한 것을 보면, 적정 생활비를 쓴 게 확실하다고 했다.

숙소 60만 원
식비 ① 아침과 저녁 식사 50만 원(주로 숙소에서 해먹음)
식비 ② 점심 식사 50만 원(동행 포함 하루 평균 2만 원 선)
카페 30만 원(동행 포함 하루 평균 1만 원 선)
주유비 30만 원 (자가용 이용, 여객선에 자동차를 싣고 입도했음)
기타 비용 5만 원

(비자림 숲, 초콜릿 박물관, 제주 유리 박물관, 트릭 아이 입장료)

한 달 평균 225만 원
*2016년 겨울(1월) 기준

32년 만에 떠난
장기 휴가,
버킷 리스트 예행연습

_주말부부 박정선, 홍성우

6

#제주 한 달 살기
#주말부부
#코로나19
#무급 휴가
#은퇴 후 버킷 리스트
#주 2회 골프 라운딩

박정선 씨는 대기업 건설 회사에 다니는 남편 홍성우 씨와 결혼 2년차부터 주말부부로 살았다. 함께 살면 좋겠다고 늘 갈망했지만 아이들이 자라서 대학교를 졸업할 때까지도 뜻을 이루지 못했다. 2020년 4월, 32년간 성실하게 일한 성우 씨는 3개월 무급 휴가를 받았다. 부부의 버킷 리스트 중 하나는 은퇴하고 해외 도시에서 한 달씩 살아보는 것. 코로 나19 때문에 제주로 간 정선 씨와 성 우 씨는 같이 먹고, 자고, 걷고, 골프 치 고, 또 웃으면서 지냈다. 돈으로 살 수 없는 귀 한 한 달이었다.

★

잃어야 비로소 깨닫게 되는 인생의 진리를 처음부터 잘 아는 사람들이 있다. 주말부부 박정선·홍성우 씨 부부가 그랬다. 그들은 시간은 돈으로 살 수 없다는 걸 젊어서부터 깨달았다. 1년에 한 번, 딱 일주일. 네 식구가 같이 보낼 수 있는 유일한 시간인 여름 휴가에는 돈을 아끼지 않았다. 카드로 할부 결제하고 해외여행을 떠나는 건 결코 사치가 아니었다.

"아빠! 아빠!" 말문이 트이기 시작한 아들은 남자만 보면 아빠라고 불렀다. 당시 성우 씨는 파키스탄의 건설 회사 현장에서 일했고, 정선 씨 혼자 한국에서 아들을 키우고 있었다. 식구가 같이 사는 방법은 하나뿐이었다. 정선 씨는 기저귀도 채 떼지 않은 아들을 데리고 짐을 싸서 파키스탄으로 갔다. 세 식구는 8개월 동안 낯선 나라에서 같이 살았다.

건설 회사 특성상 성우 씨의 근무지는 계속 바뀌었다. 성우 씨도 식구들과 같이 살아보려고 애를 많이 썼다. 전주에서 광주로, 전주에서 대전으로 출퇴근하던 시기도 있었다. 결국 수도권으로 발령받고는 다시 주말부부가 되었다. 정선 씨는 시가와 친정이 있는 전주에 터를 잡고 두 아이를 키우면서 일했다. 한때는 전주에서 영어 잘 가르치는 선생님으로 이름이 났다고 했다. 일이 잘 풀리던 시절에도 '지금 행복해야겠다'는 생각은 변함없었다.

"친정엄마가 갑자기 돌아가셨어요. 평생 고생만 하다 가신 엄마를 생각하면 마음 아프고 가슴이 먹먹하죠. 그래서 더 그랬는지도 몰라요. 지금을 행복하게 살아야지, 나중은 없다고 생각했어요. 남편도 저랑 생각이 잘 맞아요. 지금이 중요하다고, 미래만을 위해서 살지는 말자고 그러거든요. 마침 딱 맞게 남편 회사에서 3개월 무급 휴가가 나왔어요."

정해진 생활비는 꼬박꼬박 나가는데 들어올 월급이 없다는 회사의 통보였다. 하지만 오십 대에 접어들면서 먼저 은퇴한 정선 씨는 남편과 함께할 시간이 생겼다는 것에 더 기뻤다. 30년 넘게 대기업에서 버텨준 남편에게 감사한 마음이 컸다. 두 사람은 젊어서부터 동경해온 한 달 살기를 할 수 있는 기회로 여겼다. 코로나19 때문에 해외는 갈 수 없으니 제주로 정했다.

★

성우 씨는 그동안 모아둔 비상금 500만 원을 내놓았다. 1년 전에 제주에서 한 달 살기를 해본 정선 씨 친구가 숙소를 소개해줬다. 방 세 개에 화장실 두 개, 모든 시설이 잘 갖춰져 있어 대기자가 많다는 함덕에 위치한 빌라였다. 코로나19로

비어 있던 빌라를 월세 120만 원에 계약
했다. 하룻밤에 4만 원 꼴이니 비싸다
는 생각은 들지 않았다.

"인생의 선물 같은 시간이니 곧바로 떠
났어요. 4월 13일에 입도해서 전입신고까지 마쳤
고요. 다음 날부터 골프를 치러 다녔어요. 눈 쌓인 한라산이
보이더라고요. 저희가 도착하기 일주일 전에 이곳에 눈이 많
이 왔대요. 골프장에서 노루가 뛰어노는 것도 봤는데, 너무
신기한 광경이었어요."

부부의 처음 계획은 올레길 완주였다. 한 코스에서 10km
가 넘는 거리를 날마다 걸어보자고 했다. 일단 숙소와 가장
가까운 올레 19코스부터 걷기 시작했다. 함덕 해변의 서우봉
에서 보는 바다는 참 아름다웠다. 대자연과 마주하면 아직도
가슴이 설렌다는 정선 씨는 '이게 행복이구나' 싶었다. 남편
과 나란히 맑은 공기를 마시고 파란 하늘을 보는 게 꿈만 같
았다.

정선 씨와 성우 씨는 날마다 숙소에서 지도를 펴놓고 가고
싶은 코스를 의논했다. 올레 5코스는 천천히 걸으면서 보니

↓ 제주 돌문화 공원

까 더 예뻤다. 여행자들이 많이 가는 용두암 코스도 가봤다. 배를 타고 우도로 들어가 연두에서 초록으로 짙어지는 들판도 보고, 까만 돌로 쌓아올린 낮은 담장을 지나 해변을 걸었다.

그렇지만 간세 라운지(올레 17코스 종점이자 올레 18코스 시작점)에서 조천 만세 동산까지 걷는 올레 18코스에서는 고생을 많이 했다. 야외 한복판인데다가 제주를 크게 도는 올레길은 다리쉼할 그늘도 없었고, 자동차도 많이 지나다녀 걷기에는 힘에 부쳤다. 부부는 올레길 종주에 미련을 두지 않았다. 대안은 확실했다. 제주 전역에 있는 360여 개의 오름과 숲길이 정선 씨와 성우 씨를 반겼다.

"제주에는 동산처럼 조그만 오름들이 많아요. 저는 아부 오름하고 백약이 오름이 특히 좋았어요. 부드러운 언덕을 올라가면 숲길이 나오고, 나무들이 있었어요. 얼마 안 올라가도 시선이 확 트여서 좋았죠. 분화구 주변을 돌면서 아름다운 하늘을 보는 게 행복했어요. 편백나무와 삼나무 사이를 걷는 숲길도 좋았지요. 절물 휴양림이나 장생이숲은 몇 번이고 갔어요."

해 질 무렵 함덕은 근사하고 아름다웠다. 숙소에서 함덕 해변까지는 5분 거리. 숙소에서 저녁을 지어 먹은 정선 씨와 성우 씨는 손을 잡고 해변을 천천히 걸었다. 별이 총총히 뜬 밤하늘을 보면서 숙소로 들어왔다. 함께 드라마를 보고, 바다 건너 육지에 있는 아이들과 친구들에게 스마트폰으로 안부를 전하고, 다음 날 갈 곳까지 정하고 잠자리에 들면 오후 11시였다.

제주에서 한 달 살기 하는 내내 뒤척이지 않고 곤히 자고 일어났다. 발코니에 서 있으면 노란 듯 빨간 해가 함덕 바다를 물들이며 떠올랐다. 일출을 보고 나면 몸과 마음에 활력

이 생겼다. 바쁠 게 없는 부부는 함덕에 있는 유명한 빵집에 다녀오곤 했다. 샐러드에 빵을 곁들여 아침 식사를 하고, 챙겨 온 드리퍼로 커피를 내려 마셨다.

★

부부의 한 달 살기 원칙은 딱 한 가지였다. 날마다 걷거나 골프를 치는 것. 비 오는 날은 어쩔 수 없이 숙소에서 전을 부쳐 먹고 꼼짝하지 않았다. 그런 날에도 성우 씨는 실내 골프 연습장에 다녀왔다. 성우 씨의 구력球歷은 30년. 새벽에 출근해 야밤에 퇴근하는 샐러리맨이라 골프 칠 시간이 많지 않았다. 여유로운 제주에서는 일주일에 사나흘씩 수련하는 사람처럼 골프 연습장에 다녔다.

정선 씨는 성우 씨보다 10년 늦게 골프를 시작했다. 처음에는 남편에게 배웠지만 실력은 한 수 위인 싱글 플레이어. 혼자 몸으로 아이 둘을 키우고 일하던 정선 씨의 유일한 숨구멍은 골프였다. 가장 힘들 때 곁에 없던 성우 씨가 '웬수' 아닌 이유 중 하나도 골프였다. 주말에만 만나던 부부는 제주에서 골프장 홀을 돌 때도 잡은 손을 놓지 않고 걸었다.

제주의 어떤 골프장은 제주도민에게 할인혜택을 준단다. 그래서 정선 씨 부부는 전입신고를 했다. 네이버 골프 밴드 '제제밴드'에서는 라운딩이 가능하도록 네 명으로 팀을 짜줬다. 골프 밴드를 통해 처음 만난 사람들 중에 은퇴하고 제주 살이 2년차인 분이 정선 씨와 성우 씨를 유난히도 챙겨줬다. 어느 날은 고니 두 마리가 노는 유명한 골프장에 초대해준 적도 있었다. 그분의 취미는 '골프 치는 도중에 고사리 끊어 오기'였다.

"그분은 골프를 잘 치니까 먼저 딱 치고는 그 사이에 어디선가 고사리를 한 움큼씩 끊어가지고 오시더라고요. 봄만 되면 주변에 고사리 끊으러 다니는 게 그렇게 재미지다고 하시대요. 남편은 고사리에 관심 없었는데, 저는 제주도민들이 하는 건 다 해보고 싶었거든요."

머체왓 숲길은 정선 씨를 진정한 제주
도민으로 만들어줬다. 얕고 부드러운
동산을 가로지르면 곧고 울창한 삼나
무숲이 나왔다. 아이들이 어렸을 때 같
이 보던 애니메이션 〈도라에몽〉에 나오는
것처럼 타임머신을 타고 원시의 자연으로 온 것 같은 착각이
들었다. 실제로 통신사 서비스가 닿지 않는 지역이라 지도
애플리케이션도 켤 수 없었다. 그 숲길에는 먼먼 옛날 용암
이 흘러 지나갔다는 건천도 있었다.

숲길은 크게 세 갈래로 나눠졌다. 방문객 지원 센터와 약
간 떨어져 있는 서중천 생태 탐방로(3km, 1시간), 머체왓 숲길
(6.7km, 2시간 3분), 소롱콧길(6.3km, 2시간 20분). 여행자들이
많은 이곳에서도 서로 사진을 찍어주거나 풍경이 좋다고 감
탄하는 소리가 들려왔다. 그런데 어느 순간 주위가 고요해졌
다. 정선 씨와 성우 씨는 갈림길에서 표지판을 미처 못 보고
더 깊숙이 들어와서 길을 잃었던 것이다.

"그 와중에 주위를 둘러보니까 먹고사리가 보였어요. 덤
불에서 통통하게 하나씩 올라와 있는데 너무 예뻤어요. 어떻
게 그냥 지나쳐요? 남편이 저를 보더니 고사리는 시장에서

사줄 테니까 그냥 가자고 하더라고요. 알았다고, 금방 가겠
다고 말하고는 계속 끊었어요. 그게 너무 재밌더라고요. 남
편이 점잖은 사람인데 나중에는 저를 혼내더라고요. 눈칫밥
먹으면서 끊었던 터라 많이 못했죠."

쉰 살 넘어 처음 경험한 고사리 끊기. 정선 씨는 깊은 숲속
에서 끊은 고사리를 숙소 부엌에서 데쳤다. 집으로 가져가려
고 냉동실에 얼렸다. 그 뒤로는 고사리나물을 같이 내주는 제
주 식당 상차림이 유난히 눈에 들어왔다. 오랜 시간 떨어져
살았기에 아내의 마음을 알아보는 섬세한 성우 씨가 고사리
한 봉지를 사줬다.

★

정선 씨가 제주에서 최고로 꼽
는 파란 하늘과 하늘빛을 그대로
닮은 코발트빛 바다. 고층 건물이
없어 어딜 봐도 한 폭의 그림 같
은 제주 풍경은 보면 볼수록 특별
했다. 하루 종일 '바다멍'과 '하늘
멍'을 할 수 있을 것만 같았다. 특

별한 풍경을 함께 나누려고 시어머니와 시누이를 제주로 초
대해 닷새 동안 함께 지냈다.

"어머님은 연세가 있으니 비자림 숲에서도 짧은 코스를
같이 걸었어요. 시누이하고는 오름도 여러 곳 가봤죠. 좋았
어요. 밥은 되도록 집에서 해먹었어요(웃음). 돈 많아서 한 달
살기 하는 느낌을 줄까 봐 조심했어요. 시누이는 무급 휴가
로 온 걸 아니까 되려 밥을 사주고 갔지요."

정선 씨는 사나흘 여행하러 제주로 왔을 땐 물가가 비싼
것처럼 느껴졌다고 한다. 하지만 제주도민으로 사는 정선 씨

와 성우 씨는 시장을 즐겨 찾았다. 처음 보는 음식일수록 꼭 한입이라도 먹어보는 정선 씨는 감귤 함유량에 따라 달라지는 과자나 파이를 구경하고 맛보는 것을 좋아했다. 서귀포 올레 시장 '소나이'는 정선 씨의 핫 플레이스였다. 한두 가지만 사도 시장 상인들은 한 움큼씩 덤을 줬다.

제주는 구석구석 갈 곳도 많고 예쁜 데도 많았다. 성우 씨는 공부하느라 바쁜 딸에게 다 해줄 테니까 제발 제주에 오라고 사정했다. 당시 비행기 삯은 12,600원이었다. 부부는 딸과 카페에 가고 산책을 했다. 하루는 식당에서 옆 테이블에 앉은 연예인을 봤지만 모른 척 하며 성숙한 자세로 대했다.

제주에서 보낸 한 달은 너무나도 짧았다. 부부는 적어도 세 달쯤 살아야 할 것 같다는 아쉬운 마음으로 짐을 쌌다. 은퇴 후에는 국내 동해안이나 깊은 산골에서 한 달씩 살아보자고 약속했다. 정선 씨와 성우 씨는 같이 살지 못해서 생긴 결핍을 서서히, 완전히 채워나갈 것이다.

↓ 제주 성산일출봉 서쪽 절벽

제주 함덕 한 달 살기를 위한 '영수증 살펴보기'

가정경제를 맡아서 관리하는 홍성우 씨는 수입과 지출을 꿰고 있지만, 그날그날의 지출을 기록하지는 않는다. 제주에서는 날마다 어디에 가고, 무엇을 사고, 무엇을 먹었는지 꼼꼼하게 적었다. 크게 다친건 아니지만, 박정선 씨가 가벼운 화상을 입어 치료받은 기록도 남아 있다. 오랫동안 주말부부로 떨어져 살았기에 제주에 한 달 살면서 돈을 아끼지 않았다. 식구들도 초대해서 넉넉하게 썼다.

숙소 120만 원
식비 1,568,000원(외식 포함)
주유비 35만 원(자가용 이용, 여객선에 자동차를 싣고 입도했음)
여비 445,000원(선물비 포함)
골프 비용 1,202,000원
의료비 및 기타 비용 12만 원

한 달 평균 488만 원(4,885,000원)
*2020년 늦봄 기준

기꺼이
시간과 돈을 바쳐
얻은 해맑음
_방사선사 이희복

7

#제주 한 달 살기

#은퇴 후 재취업

#육십 대

#인사이더

#달리기

#귤 찾아 삼만 리

이희복 씨는 오래 전부터 아내 이재희 씨와 함께 도시별 한 달 살기를 하고 싶었다. 직장에 다니는 동안에는 감히 이룰 수 없는 꿈이었다. 나이 예순 되는 해였던 2017년 6월, 수십 년간 방사선사로 일했던 군산 의료원에서 정년퇴임했다. 그러나 아내의 은퇴를 더 기다려야 해서 동네 소아과 병원에 다시 취업했다. 재취업 3년 차, 희복 씨는 혼자서라도 한 달 살기를 해보고 싶었다. 직장에 양해를 구하고 장기 휴가를 얻어 제주로 건너갔다.

★

어른이 되고 나서 품는 꿈은 부화하기 어렵다. 어쩌다 그 꿈이 껍질을 깨고 나온다고 해도 현실 앞에서 날개가 꺾이곤 한다. 나이 들수록 먹고사는 일만이 본류가 된다. 하지만 이 커다란 흐름에서 조금씩 새어 나오는 여러 지류는 마르지 않고 흐르고 흐르다가 결국 하나의 힘찬 물줄기를 만든다.

희복 씨도 자기만의 지류를 만들어가는 사람이었다. 젊은 시절에는 보건소에 다니는 아내 재희 씨, 딸, 아들과 함께 틈 날 때마다 다슬기를 잡으러 다녔다. 직장 동료들과 산에 가거나 마라톤을 완주했다. 어쩌다 약속 없는 주말에는 아내와 단둘이 도시 외곽의 농가에서 반나절씩 일을 돕기도 했다. 희복 씨 부부는 자녀들이 청소년이 되자 은퇴하고 맞을 육십 대 이후의 삶을 구체적으로 고민하기 시작했다.

"퇴직하고 아내와 둘이서 도시별 한 달 살기를 하고 싶었어요. 특히 제주에서는 1년간 살아보자고 다음 카페 '제살모(제주에 살고 싶은 사람들의 모임)'에 가입했지요. 아름다운 풍경을 보면서 살고 싶다는 마음이, 살아가는 데 동경과 희망이 되었습니다."

은퇴 이후의 삶도 바빴다. 직장을 다닐 때처럼 새벽에 일어나 운동하고, 모임을 만들어 여행을 가고, 사람들과 어울렸다. 하지만 시간은 더디 가는 듯했다. 여섯 살 차이나는 아내가 은퇴할 때까지 남은 시간은 장장 6년. 다시 말하면 아내와 함께 한 달 살기를 하기 위해 기다려야 하는 시간이기도 했다. 얼마 지나지 않아 희복 씨는 아파트 단지에 둘러싸인 소아과 병원에 검진실장으로 재취업했다.

어린이 환자들로 붐비는 소아과 병원. 희복 씨가 도저히 짬을 낼 수 없을 만큼 바쁠 때, 아내는 장기 재직 휴가를 받아 제주로 갔다. 당시는 코로나19가 유행하지 않던 시기였다.

↑ 제주 사려니 삼나무 숲길

아내는 길에서 친구들을 사귀고 제주 올레길 전 코스, 426km 를 완주했다. 아무나 할 수 없는 일을 해낸 아내는 행복해 보 였다. 희복 씨도 아내처럼 떠나고 싶어졌다.

"퇴직한 이후로 한 번도 쉬지 않고 계속 이어서 일했으니 까요. 어느 날부터 권태가 느껴지더라고요. 6개월 정도 쉬면 힘이 나지 않을까 싶어서 휴가를 얻어 무작정 혼자 제주로 떠났습니다."

★

2020년 8월 중순, 희복 씨는 여객선에 자동차를 싣고 제주 에 도착했다. 1박에 35,000원 하는 연동의 연립주택에서 에 어비앤비로 묵다가 일주일 뒤에는 1박에 45,000원 하는 펜 션으로 옮겼다. 9월부터는 아는 사람의 아파트에서 월세를 내고 살았다. 희복 씨는 급류처럼 흐르는 시간에 휩쓸리지 않고 하루하루를 알차게 보냈다.

희복 씨가 묵는 숙소는 서귀포시 중문에 있었다. 기상 시 간은 직장에 다닐 때와 똑같은 오전 5시. 곧장 잔디가 깔려 있는 중문중학교 운동장으로 가서 한 시간을 달렸다. 그렇지 않은 날에는 천제연 폭포까지 달려가 1~3폭포에 이어 여미지 식물원까지 찍고 돌아왔다. 그 다음 날 코스는 주상절리, 외돌개, 새연교, 용머리 해안. 또 다른 날에는 신라 호텔 쪽으로 달려갔다.

"전날 밤에 지도를 펴놓고 안 가본 데를 미리 골라요. 새벽에 자동차를 몰고 관광지로도 갑니다. 사람들이 없으니까 마음대로 뛰어다녀요. 송악산은 한 바퀴 뛰는 거리가 5km쯤 되니까 두 바퀴를 돌아요. 어느 날은 용머리 해안을 돌고요. 군산 오름, 오설록 같은 곳은 새벽에 가면 그렇게 좋아요. 사람 많을 때랑은 완전히 다릅니다. 서쪽의 수월봉이나 산방산에 가서도 그 주위를 다 뛰어 댕깁니다. 걷는 것은 운동이 아닌 것 같아서요."

아침 운동을 마치고 숙소로 돌아온 희복 씨는 밥을 해먹고, 청소하고, 과일 도시락을 쌌다. 점심으로 먹을 김밥 한 줄은 따로 샀다. 대개는 한라산 쪽으로 '출근'했다. 처음에는 한라산 둘레길을 완주하겠다는 욕심이 있었다. 하지만 길 중간중간에 들개와 멧돼지가 수시로 출몰하고, 통제구역까지 많아서 몇 코스만 걷고 다음을 기약해야 했다.

대신 교래 휴양림, 절물 휴양림, 사려니 숲길, 붉음오름 휴

↑ 신비로운 제주의 오름. 한라산 어승생악

↑ 서귀포 황우지 해안

양림을 자주 갔다. 한라산 숲길은 걸을수록 매력 있었다. 그늘진 숲으로 상쾌한 바람이 불어오면, 희복 씨는 폐 깊숙이 신선한 공기가 스미도록 숨을 들이마셨다. 숲길을 두 시간쯤 걷고 난 후 오름으로 갔다. 200개가 넘는 제주의 오름은 각자 다른 멋을 갖고 있었다. 하루에 여덟 시간씩, 코로나19 걱정 없이 3만 보 이상을 걸었다.

'퇴근'은 오후 5시쯤. 오름에서 숙소로 들어가기 전에 서귀포 매일 시장, 중문 시장, 동문 시장 중 한 곳에서 장을 봤다. 관광 도시의 특성인지 식재료는 1인분씩 소분되어 먹기 좋게 나와 있었다. 희복 씨가 특히 좋아하는 제주 파래를 사기 위해 하나로마트에도 종종 들렀다.

"집에서 밥솥을 가져갔어요. 제가 직접 해먹는 걸 좋아하거든요. 오후 6시쯤에 숙소 들어가서 저녁밥 지어 먹고 치우면 오후 8시쯤 돼요. 여유 있게 큰 지도를 펴놓고 동서남북 다녀왔던 지역을 표시하고 계획표를 짭니다. 스마트폰에다가 메모도 하고요. 오후 10시쯤에 자

서 다음 날 새벽 5시에 일어나요."

희복 씨는 외롭거나 심심할 틈이 없었다. "나 지금 제주에서 한 달 살기 하고 있어."라는 말에 지인들은 진심으로 호응해줬다. 아들, 학창시절 친구들, 젊어서부터 산에 같이 다녔던 후배, 여행 모임 동료들, 같은 아파트에 살았던 이웃들이 희복 씨를 만나러 제주에 왔다. 희복 씨는 자기를 찾아 제주에 온 사람들의 연령이나 성향에 맞게 여행 프로그램을 짰다. 관광지 중심으로만 다닌 이들에게 제주의 새로운 면을 보여주고 싶었다. 그는 이미 여러 번 가본, 제주의 서쪽 한경

면 쪽으로 방향을 잡았다. 수월봉, 신창 해안 도로의 선인장 마을, 용수포구를 안내해줬다.

　곶자왈의 '닭칼국수'에서 보말 칼국수와 녹두전, 애월의 '뚱딴지'에서 열다섯 가지 한약재가 들어있는 활오복탕, '황금손가락'에서 회정식을 먹고 일상으로 돌아간 사람들은 "여지껏 제주를 많이 갔는데, 이번에 최고의 여행을 했습니다."라는 문자를 희복 씨에게 보냈다. 사람들을 좋아하고, 그 속에서 삶의 의미를 찾는 희복 씨가 보람을 느끼는 순간이었다. 희복 씨는 아침에 숙소에서 나설 때마다 청년 같은 힘이 샘솟는 걸 느꼈다. 아직 드러나지 않은 제주의 아름다움을 찾아내 지인들에게 보여주고 싶은 마음뿐이었다.

★

　그러나 제주에 한 달 이상은 머무를 수 없었다. 희복 씨는 아파트 자치회장을 맡고 있어 최소 한 달에 한 번은 회의에 참석하기 위해 군산으로 돌아와야 했다. 동료, 지인들과 하는 사적인 모임만 해도 20여 개. 만나서 결정하고 진행할 일들도 많았다. 무엇보다도 서울에서 간호사로 일하는 딸 주희 씨가 아버지의 도움을 간절히 필요로 했다.

　"딸이 둘째 손주를 낳고 육아휴직 중이에요. 내가 손주를 봐줘야지 딸이 생활할 수 있어요. 어린이집 다니는 큰손주도 있으니까 혼자서는 힘들죠. 서울 가서 손주들 열심히 봐주고 다시 제주로 왔어요. 내 생활도 있으니까, 소중한 시간인데 딸한테만 올인 할 수 없잖아요. 제주에서 한 달 지내면 2주는

손주 보러 서울 가는 일정이 된 셈이에요."

　10월에 다시 한 달 살러 온 제주. 이즈음 제주는 본격적인 귤 따기 철을 맞았다. 희복 씨는 제주에서 가장 맛있는 귤을 찾아 지인들에게 보내겠다는 사명감을 갖고 있었다. 일출봉에서 할머니가 파는 귤을 먹어보고, 제주도민들이 소개시켜준 농장에서 주문해 먹어보기도 했다. 하지만 희복 씨가 원하는 귤은 좀처럼 나타나지 않았다.

　어느 날은 익산에서 온 친구 기주 씨와 올레 15코스를 걷고 있었다. 마침 귤 농장 옆을 지났다. "귤 하나 맛볼 수 있을까요?" 희복 씨는 귤을 따는 주인아주머니에게 물었다. 주인아주머니는 아무 조건도 달지 않고 마음대로 따서 먹으라고 했다. 미안해서 어떻게 그럴 수 있느냐고 하면서도 희복 씨는 귤을 몇 개 따서 먹어봤다.

오! 그토록 찾아 헤매던 맛이었다. 달콤하고 새콤하고 시원해서 머리끝까지 짜릿했다. 얇은 귤껍질 표면에 검은 점이 있었다. 제주 귤은 보통 열다섯 번 정도 농약을 친다고 하는데, 주인아주머니네 귤은 꽃필 때 딱 한 번만 친다고 했다. 감격한 희복 씨는 귤 농장의 전화번호를 물었다. 하루 일정을 마치고 난 뒤 전화를 했다.

"낮에 만났던 사람입니다. 귤을 40박스쯤 살 수 있을까요?"

"그럼요, 근데 귤 딸 사람이 없어요. 코로나19 때문에 제주 전체에 일손이 부족해요."

"그럼 저랑 친구가 가서 딸게요. 제주 온 김에 귤 따는 경험도 쌓아야 하거든요."

희복 씨, 친구 기주 씨와 명태 씨는 귤 농장으로 '출근'했다. 귤을 따서 박스 30개에 나눠 담았을 뿐인데 점심 먹을 시간이 됐다. 그날 오후는 기주 씨와 함께 절물 휴양림에 가기로 해서 서둘러야 했다. 광주에서 귤 따주러 왔다는 귤 농장의 숙모님이 한 시간만 더 따달라고 부탁했다. 희복 씨와 기주 씨는 빠르고 정확하게 귤 10박스를 땄다. 주인아주머니는 한 박스에 2만 원 하는 귤을 15,000원에 줬고, 집에 가서 먹으라고 따로 챙겨주기까지 했다.

　일을 마쳤더니 주인아주머니와 숙모님이 숲길에 같이 가고 싶다고 했다. 농장을 관리해주는 주인아주머니의 친정아버지까지 희복 씨 자동차를 타고 절물 휴양림으로 갔다. 귤 덕분에 만난 네 사람은 대자연을 만끽했다. 산뜻한 공기를 실컷 마시면서 걷다가 돌아가는 자동차 안, 주인아주머니가 말했다.

　"저녁은 저희 집에서 먹어요. 방금 공항에서 일하는 우리 신랑이랑 통화했는데 회 사가지고 온다고 꼭 초대하라네요. 자기가 마땅히 할 일인데, 장인어른을 대신 모시고 다녀줬다고요."

　그날 저녁, 광령리 귤 농장을 끼고 있는 가정집에서 희복 씨와 기주 씨는 잘 차린 밥상 앞에 앉았다. 맛있게 밥을 먹고 이야기를 주고받으며 오래 아는 사이처럼 어울렸다. 소년 시절처럼 별스런 이야기도 아닌데 많이 웃었다. 제주 오면 언제든 연락하라는 말에 희복 씨는 고개를 끄덕이며 알았다고 대답했다. 제주도민 친구가 생긴 밤이었다.

희복 씨는 최고의 귤을 키운 농장에 한 번 더 찾아갔다. 지인들에게 신청받은 귤 150박스를 땄다. 이번에도 주인아주머니는 귤 가격을 깎아줬다. 희복 씨가 일일이 박스에 넣고 주소를 써서 택배 포장한 귤은 그리운 가족들과 친구들이 있는 육지로 배송됐다. 희복 씨는 맛있는 귤을 먹게 되어 고맙다는 문자와 전화를 계속해서 받았다.

지인들이 귤 한 박스를 다 먹을 때쯤 희복 씨는 제주의 숙소에서 짐을 쌌다. 한 달 살기를 하는 동안 매달 자동차 주행 거리는 10,000km. 가고 싶은 곳에 주저하지 않고 도착했던 제주의 삶은 희복 씨 얼굴을 아이처럼 해맑게 만들었다. 원하는 삶은 그냥 주어지지 않았다. 기꺼이 시간과 돈을 바친 다음에야 반짝이는 인생의 한 시기를 얻을 수 있었다.

↓ 제주 사려니 삼나무 숲속 오르막길

제주 중문 한 달 살기를 위한 '영수증 살펴보기'

이희복 씨는 제주에서 총 두 달 반을
살았다. 처음으로 주어진 장기 휴가.
사람들한테 베풀기도 하고, 궁색하게
쓰지 않으려고 직장에서 천 만 원을 가
불했다. 쇼핑 비용은 따로 들지 않았
고, 사람들과 어울리며 지출한 비용은
산정하지 않았다.

숙소 월세 50만 원(에어비앤비, 펜션, 지인의 아파트 이용)
식비 매달 약 50여만 원
주유비 매달 약 50만 원(자가용 이용, 여객선에 자동차를 싣고 입도했음)
대중교통 6만 원(군산-제주 왕복 항공요금)
*이희복 씨는 군산-제주 왕복 2회 항공요금을 지출했다

한 달 평균 156만 원
*2020년 가을 기준

#취향 존중

#내 호흡에 맞는 여행

'성덕'이 되기 위해
유럽 대신
동네 서점으로

_직장인 권나윤

8

#군산 한 달 살기
#퇴사
#한길문고
#작가 강연회
#성덕(성공한 덕후)
#이석증

서울 시민 권나윤 씨는 대기업의 자회사에 오래 다녔다. 언젠가는 하게 될 퇴사. 직장 다니면서 프리랜서 강사의 기반을 다진 다음에 사표를 냈다. 철저한 퇴사 준비인 셈이었다. 지인들은 출퇴근에서 해방된 나윤 씨에게 유럽으로 여행을 가라고 콕 집어서 말했다. 그러나 나윤 씨를 붙잡은 건 군산 한길문고의 강연 프로그램. 열렬하게 좋아하는 작가들을 만날 수 있는 기회였다. 나윤 씨는 퇴사한 지 한 달 만에 커다란 트렁크를 끌고 군산시 지곡동 산소 빌라에 도착했다.

★

어떤 결심을 하던 순간은 선명하다. 저배속으로 느리게 본 영화의 한 구간처럼 테이블과 의자, 벽에 걸린 그림, 사람들 동선까지 머릿속에서 3차원 영상으로 구현된다. 나윤 씨에게는 2019년 8월 9일이 딱 그런 날이었다. 휴가를 내고 직장 동료 세 명과 군산에 왔다. 너무 뜨겁고 너무 습한 날이라 여행 가방이 물먹은 솜처럼 질척거렸다. 다들 어서 가벼운 빈손이 되길 바랐다.

"숙소에 짐을 풀고 밖으로 나왔는데, 맞은편 모퉁이에 홍차 카페가 보이는 거예요. 갑자기 '저기 가서 책 읽고 싶다, 그러려면 이 동네에서 살아야겠지.'라는 생각이 들었어요."

나윤 씨는 새로운 도시에 도착한 순간의 낯선 느낌을 좋아했다. 일정이 바듯한 여행은 선호하지 않았다. 시간과 돈을 아끼기 위해 아침 일찍 일어나 발바닥에 불이 날 정도로 돌아다니고 맛있는 식당을 찾아 헤매는 숨 가쁜 여행 말고, 한 도시에 오래 머무르면서 생활하고 싶다는 생각을 몇 번이나 했다. 집에서 보내는 주말처럼 낯선 도시에서도 여유롭게 책을 읽거나 빈둥대보고 싶었다.

군산에 온 그 여름날, 나윤 씨와 동료들은 평범한 여행자들이었다. 유명한 식당의 간장 게장을 먹고 군산 원도심의 신흥동 일본식 가옥, 동국사, 초원 사진관에 들렀다. 저녁에는 작가 강연을 들으러 한길문고로 갔다. 초등학생부터 칠십 대까지 백여 명의 군산 독자들은 멋지게 차려입고 온 서울 사람 네 명을 신기하게 바라봤다. 나윤 씨와 동료들도 의아한 건 마찬가지여서 서로 속삭였다. "군산 분들은 불금(불타는 금요일)인데 작가 강연회에 오신 거야?"

군산에 다녀간 지 50여 일 뒤, 나윤 씨는 직장을 그만뒀다.

프리랜서 강사 생활에 만족하며 '내년 봄에는 군산에서 벚꽃 보며 한 달 살기 해야지.'라고 결심했다. 그러나 얼마 지나지 않아 갑작스러운 소식을 듣고 긴장감에 휩싸이고 말았다. 나윤 씨 집에 있는 책장에서 가장 좋은 자리를 차지하고 있는 소설책 작가 세 명이, 11월에, 군산 동네 서점에 온다는 정보를 입수한 것이다.

★

처음에 숙소를 알아볼 때는 '군산에서 한 달 살고 싶다.'고 마음먹게 만든 원도심의 홍차 카페 근처를 염두에 두었다. 방 한 칸만 쓰는 에어비앤비는 한 달 숙박비 100여만 원. 그보다 비싼 게스트 하우스는 한 달 내내 예약할 수도 없었다. 하지만 운명은 갓 퇴사한 프리랜서에게 가혹하지 않았다. 군산 사람들이 이용하는 커뮤니티를 통해 비어 있는 투룸 빌라를 계약할 수 있었다.

11월 1일 오후 7시 군산 한길문고. 대학시절부터 20여 년

동안 동경해온 김탁환 작가를 만나기 위해 나
윤 씨는 만반의 준비를 마쳤다. 신간이 나올
때마다 빠짐없이 사서 읽어왔고, 작가의 데뷔
작이자 1996년에 출간된 《열두 마리 고래의
사랑 이야기》까지 갖고 있었다. 절판된 책에
사인을 받으려는 독자가 신기해서인지 김탁

환 작가는 어떻게 구했느냐고 나윤 씨에게 물었다. "저, 작가
님 페친(페이스북 친구)이에요."

　나윤 씨의 대답은 바보 같았다. 대학 시절 친구가 빌려가
서 책을 돌려주지 않은 바람에 다시 사서 소중하게 간직했다
는 말을 해야 했는데. 서울에서 일부러 강연을 들으러 한길
문고에 왔다고, 이제부터 군산에서 한 달 살면서 책 읽고 글
쓸 거라는 말을 했으면 더 좋았을 텐데. 그러나 나윤 씨는 안
타까워하지 않았다. 24년 만에 드디어 '성덕(성공한 덕후)'이
됐으니까.

　★

　나윤 씨는 아침에 로컬푸드 직매장에서 사온 떡국 떡을 자
주 끓여 먹었다. 마음에 쏙 드는 집앞 카페 '해밀'이나, 시립
도서관과 근처 카페도 즐겨 찾았다. 가장 많은 시간을 보낸

곳은 한길문고. 문지영 한길문고 대표와 직원들도 날마다 보는 이 특별한 손님을 일상적으로 대하게 됐다. 어느새 나운 씨는 심윤경 작가, 이정명 작가, 이영산 작가 강연회에서 만났던 군산 사람들과도 알은체하는 사이로 발전해 있었다.

"그런데 일요일 오후 8시쯤은 쓸쓸했어요. 극장에서 영화 두 편을 보고 걸어서 숙소로 돌아올 때면 막 바람이 불고 낙엽이 날렸어요. 그 시간에는 다들 집에서 휴식을 취하잖아요. 산소 빌라는 세탁기와 침대, 냉장고만 있는 미니멀한 집이었죠. 포근한 느낌은 없었어요. 서울 마포 집에는 혼자 살아도 제 온기가 있었으니까요. 그때 말고는 군산 사는 게 다 좋았죠. 정말 좋았어요."

서울의 지인들은 허를 찔린 듯 질문을 했다. 제주나 강원도가 아닌, 왜 하필 군산에서 한 달 살기를 하느냐고. 나운 씨는 이유를 자세하게 말해주는 대신 놀러오라고 말했다. 직장 동료들이 군산에 올 수 있는 건 주말뿐이었다. '그 소중한 시간을 설마 나를 보러 오는 데 쓸까?' 나운 씨는 큰 기대를 하지 않았다.

서울에 사는 선배, 포항에 사는 후배는 나운 씨의 숙소에서 하룻밤 자고 갔다. 직장인 시절, 퇴근 후에 공부하면서 만난 선배는 휴가를 내고 찾아와 작가 강연을 같이 들었고, 두 아이를 기르며 직장에 다니는 후배는 온 가족과 함께 군산으로 출동했다. 원주에 사는 옛 직장 동료는 초등학교 자녀를 학교에 보내놓고 세 시간을 운

전하고 와 나윤 씨 얼굴만 보고 다시 먼 길을 돌아갔다.

　군산의 원도심은 주거지인 수송동이나 나운동에서 자동차로 10분 거리지만 일상적인 공간이 아니다. 군산 사람들은 멀리서 사는 이들이 오면 한 번씩 들르는 곳이다. 나윤 씨도 반가운 사람들이 찾아오면 관광 삼아 원도심으로 갔다. 왜 군산에 근대 문화가 남아있는지 이야기해줬다. 한국에서 가장 오래된 빵집 '이성당'의 팥빵을 사기 위해 줄 서지는 않았지만 이성당의 조식은 꼭 같이 먹었다. 완전히 군산 사람 같은 태도였다.

　하지만 군산 사람들 눈에 나윤 씨는 외지 사람이었다. 나윤 씨가 마트, 카페, 식당, 서점에서 10% 할인된 가격으로 구입한 모바일 지역 화폐로 결제해도 보살펴주고 싶은 서울 사람이었다. "밥 먹었어요?" 한길문고에서 만나는 사람들이 나윤

씨에게 가장 많이 한 질문이었다. 집에 너무 많다면서 과일이나 누룽지를 갖다 주고 새로 담근 김치를 티 안 내고 줬다.

★

한 번은 한길문고에서 책을 읽다가 심한 어지럼증을 느꼈다. 나윤 씨는 악성빈혈이 온 건가 싶어 서점 아래층에 있는 약국으로 갔다. 알약을 삼키려고 고개를 젖히는 순간, 서가에 꽂혀 있는 책들이 한꺼번에 나윤 씨한테 덤벼드는 것 같았다. '코끼리코 놀이'를 한 것처럼 중심을 잃었다. 마침 같이 있던 한길문고 상주 작가가 나윤 씨를 군산 의료원으로 데려갔다.

"서울에서는 병원 안 가고 최대한 견뎠을 거예요. 옆에 누가 있으니까 바로 가게 되더라고요. 의사가 이석증이라면서 너무 걱정하지 말라고 했어요. 성인들이 많이 걸리는 병이니까 약 잘 먹고 쉬라고 했죠. 그날 실손보험 영수증까지 받았어요. (웃음) 아파서 병원까지 가고, 제가 군산에서 진정한 생활인으로 살았다는 증거예요."

낯선 도시에서 생활인이 되고 싶었던 나윤 씨는 여행자들이 잘 가지 않는 곳으로 갔다. 하늘이 쨍한 날에는 바다처럼

광활한 수평선을 가진 옥구 저수지의 제방을 걸었다. 일제강
점기 때 맨손으로 저수지를 만든 조상들을 생각할 수밖에 없
었다. 미군 부대 비행장 일부를 쓰는 군산공항, 홍콩의 어느
뒷골목과 닮은 아메리칸 타운에 다녀오면서 군산은 수탈당
한 역사의 흔적을 껴안고 살아가는 도시라고 생각했다.

한강을 낀 마포에 살면서도 좀처럼 하기 힘들었던 산책.
나윤 씨는 호수와 들, 산을 도심에 둔 군산에서 매일 걸었다.
이른 아침 군산 예술의 전당 앞에서는 붉은 해가 땅 위에서
떠오르는 장면을 봤다. 놀랍고 근사해서 몸을 움직일 수 없
다. 6차선 도로를 타고 15분만 가면 차마고도 같은 고즈넉한
길을 숨기고 있는 청암산이 나왔고, 물안개가 아름다운 월명
공원에서는 자연을 사랑하는 부모님 생각이 나서 울컥했다.

"군산의 매력은 뭔가 평형세계 같다는 거예요. 아무 생각 없이 걸어갔는데, 소설《탁류》의 '정주사 집'이나 '조선은행 건물'이 나오잖아요. 일부러 찾아가지 않고 우연히 마주치는 거죠. 그럼 더 자세히 알게 돼요. 골목골목마다 매력이 있어요. 인적이 뜸한 흥남동의 주택가를 걷다가 사람들이 사라진 도시에서 혼자만 남은 느낌이 들 때가 있거든요. 쓸쓸하다가도 진공상태 같은 그 느낌이 좋았어요."

태생적으로 고기를 먹지 못하는 나운 씨에게 해물 요리가 많은 군산은 천국이었다. 여행자들이 서너 시간씩 줄 서서 먹는 짬뽕집을 순례했다. 어느 날은 숙소 인근의 중식당에서 고기 육수를 쓰지 않은 칼칼한 고추 짬뽕을 먹었다. 그야말로 '인생 짬뽕'이었다. 기분 내고 싶을 때는 '어청도'에 가서 다양한 회가 전채 요리로 나오는 생선탕을 주문했다. 하루 내내 군산 외곽으로 돌아다닌 날은 동네 식당에서 속을 뜨겁게 데워주는 해물찜을 먹었다.

서울 집으로 돌아갈 날짜가 다가왔다. 나운 씨는 한 달 사이에 늘

옛날 모습이 남아 있는 군산 원도심

어난 살림을 택배로 부치고 정든 사람들에게 작별인사를 했다. 작가 강연회에서 만난 이숙자 선생님은 나윤 씨를 집에 초대했다. 칠십 대 중반인 이 선생님은 남한테 내어주기 가장 힘든 시간을 들여 다과를 만들었다. 나윤 씨 자신에게 귀한 대접을 하라고 다포를 만들어서 선물했다. 환하게 웃으면서 군산에 왔던 나윤 씨는 울먹이면서 서울 가는 버스에 탔다.

일상으로 돌아간 나윤 씨는 페이스북에서 군산 시청을 팔로우했다. 책에서, 드라마에서, 영화에서 군산을 만나면 어릴 때 친구를 길에서 만난 것처럼 마냥 기뻐했다. 군산에서 처음으로 코로나19 확진자가 나왔을 때는 사람들의 안부를 물었다. 한길문고 작가 강연회에 촉을 세우고 있다가 갑자기 서점에 나타나서 사람들을 놀래켰다.

"사람들이 힘든 순간에 어딘가로 떠나고 싶어 하잖아요. 그러려면 구체적으로 어디를 가고, 뭐를 할 건지 계획을 세워야 하잖아요. 저는 군산 가는 고속버스 표만 예매하면 되거든요. 그게 너무 특별하죠. 누구나 그런 공간에 대한 갈망이 있지만, 막상 그걸 가진 사람은 많지 않으니까요."

세컨드 시티 군산. 나윤 씨는 틈날 때마다 군산에 온다. 그 전에는 포항에 사는 친한 후배와 서울이나 부산에서 만났지만 이제는 군산에서 만나 하룻밤을 묵는다. 책 좋아하는 선배가 은퇴하고 소도시마다 돌아다니면서 한 달 살기를 하고 싶다기에 그 도시의 동네 서점에서 무슨 프로그램을 하고 있는지 알아보라고 조언했다. 일상으로 돌아온 나윤 씨는 군산에서 한 달 살았던 이야기를 《여행기 아니고 생활기예요》라는 책으로 펴냈다. 마지막 문장에는 이렇게 쓰여 있었다.

'한 달은 한 도시를 알기에는 짧은 시간이었지만 사랑하기에는 충분한 시간이었다.'

↓ 모네의 그림 같은 군산 월명 공원의 새벽

군산 한 달 살기를 위한 '영수증 살펴보기'

서울에서 권나윤 씨는 주로 극장, 카페 거리, 쇼핑몰에서 토요일을 보냈다. 군산에서는 당장 필요한 것들만 샀다. 멀리서 친구들이 찾아오면 맛있는 음식을 함께 먹는 데 돈을 썼다. 책을 많이 읽고 많이 샀다. 군산 현지인 집에 서너 번 초대받았으며 그때마다 선물로 꽃을 사갔다. 월세를 빼면, 서울에서보다는 덜 쓰고 살았다.

숙소 50만 원(지역 커뮤니티 이용)

식비 ① 10만 원(떡국 떡, 계란, 청양고추, 그리고 맥주 조금)

식비 ② 70만 원(점심과 저녁 식사는 거의 외식으로 해결)

대중교통 74,900원 (서울 1회, 고속버스 +기차)

택시 37,700원(군산역에서 숙소까지 16,000원이 치명적)

시내버스 13,000원

생활용품 6만 원(간이 옷걸이, 작은 드라이기, 욕실 슬리퍼)

간식 5만 원(한길문고에서 작가 강연회 하는 날에는 서점 직원들 선물)

도서 22만 원

기념품 쇼핑 18만 원(집에 초대해주신 분들에게 꽃 선물, 신세진 분들에게 '갤러리 해밀'에서 산 찻잔 선물)

의료비 6만 원(이석증 치료)

한 달 평균 200만 원(1,995,600원)
*2019년 늦가을 기준

목표는 100개 도시,
지금까지 8개 도시에서
한 달 살기 했죠

_직장인 이한웅

9

#아산 한 달 살기

#이십 대

#한 달 살기 전문가

#아산 온앤오프

#게스트 하우스 스태프

#이태원

이한웅 씨가 한 달 살기의 매력을 알아본 때는 2014년, 대학 1학년 여름방학이었다. 부산과 대구, 경주에서 몇 주씩 살며 여행과 생활이 공존하는 방식을 체득했다. 그 뒤로 짧게는 한 달, 길게는 1년 넘게 경기도 용인, 제주 성산과 안덕면, 서울 이태원과 홍대, 전라남도 순천, 충청남도 아산에서 살았다. 한웅 씨가 가장 중요하게 여긴 것은 일자리. 게스트 하우스에서 무급 스태프로 일하며 지역과 사람을 알아갔다. 순천과 아산에서는 지자체 지원사업 프로그램으로 한 달 살기를 했다.

★

밤이 깊으면 소년의 눈은 말똥말똥해졌다. 한웅 씨는 하루에 7~8시간은 자야 한다는 사람들의 말에 얽매이지 않기로 했다. 다만 짧은 시간이라도 자고 일어나서 하루를 상쾌하게 여는 습관을 들였다.

중학생 때부터 불면증을 끼고 살아온 이십 대 청년 한웅 씨가 포기할 수 없는 것은 음식. 얼음 동동 띄운 탄산음료는 시 때 없이 마셨다. 앙증맞고 달콤한 마카롱은 한자리에서 열 개도 먹을 수 있었다. 피자, 파스타, 국수와 온갖 종류의

빵과 디저트는 한웅 씨 인생의 커다란 즐거움이었다.

대전에서 나고 자란 한웅 씨가 여덟 번째로 한 달 살기 한 도시는 아산. 순천에서 한 달 살기를 하고 집에 왔다가 며칠 만에 또 짐을 쌌다. 아산으로 출발하던 날 오전, 한웅 씨는 병원에서 당뇨 판정을 받았다. 결코 원하지 않았던 결과였다. 인슐린 주사를 맞지 않기 위해서는 날마다 약을 먹고, 좋아하는 밀가루 음식과 탄산음료를 끊고 운동을 해야 했다.

"저는 첫날에 병원 다녀오느라 20분 지각했습니다. 전국 각지에서 온 사람들이 아산 청년 아지트 '나와유'에 오후 2시까지 모였어요. 아산에서 실험하고 나를 재충전하는 〈아산 온앤오프〉 프로그램이었어요. 충청남도와 아산시 지자체

에서 한 달 동안 숙소, 세탁, 온천을 제공해주고요. 열네 명의
청년들은 아산을 주제로 콘텐츠를 만드는 거예요. 저는 팀
원 각자의 아산 여행을 소설로 쓴 다음에 오디오북을 만들었
어요. 제가 기대감이 높지 않은 사람이라 인스타그램에 올릴
사진 딱 한 장만 건져도 충분하다고 생각했는데, 오디오북
녹음하면서 팀원들끼리 죽이 잘 맞으니까 재밌었어요."

★

숙소는 아산 온양 관광 호텔이었다. 조선 시대 왕들이 묵
던 행궁 자리에 지어진 건물이었다. 호텔 안에는 전시관이
있고, 잘 가꾸어진 넓은 정원도 한눈에 보였다. 아산의 둘레

길 온천천길도 호텔을 끼고 돌아나갔다. 한웅 씨가 한 달 살기를 하던 2020년 11월은 일교차가 커서 아침저녁으로 온천천길에 물안개가 피어올랐다.

〈아산 온앤오프〉는 구성이 알찬 한 달 살기 프로그램이었다. 한웅 씨는 어린아이가 된 듯 생태 놀이를 하고, 친환경 화분을 만들었다. 경제 수업을 듣고, 브라질 전통 악기 바투카다Batucada를 배울 때는 점점 흥이 차오르는 경험을 했고, 목공 시간에는 의욕과는 다르게 '똥손' 실력을 자각했다. 전통 떡을 만들 때는 당뇨 판정을 받았을 때라 설탕을 하나도 넣지 않고 만들었다.

장차 큐레이터를 꿈꾸는 한웅 씨는 '충남 1호 미술관' 당림미술관에 가서 전시회를 봤다. 아산 지중해 마을에 갈 때는 일부러 파란색 티셔츠를 입고 파란색 가방을 들었다. 아산 곳곳에 숨어 있는 맛집을 발견하고, 산책할 때 꼭 들르는 단골집도 생겼다. 판타지 소설《나니아 연대기》를 모티브로 한 카페를 발견했을 때 한웅 씨는 너무나 반가웠다. 한웅 씨는 그 소설을 일곱 번이나 완독했었다.

"조선 시대 임금님 밥상의 식재료를 준비하던 아산 온천시장을 구경하면서는 로컬 콘텐츠, 독립 출판, 디자인, 영상,

디지털 콘텐츠(영상, 팟캐스트) 중에서 어떤 콘텐츠를 만들까 고민했어요. 팀원들 한 명 한 명이 빛나는 별들 같아서 함께 있으면 은하수를 이루는 기분이었죠."

아산에서 한웅 씨는 날마다 카카오톡 프로필 사진을 바꾸었다. 현충사에서 조금 걸어 나오면 바닥이 은행잎으로 깔린 은행나무길이 있었다. 팀원들과 갔을 때는 단체 사진을 찍고, 따로 가서는 자전거를 탔다. 은행나무길 근처에 있는 카페 '언더힐'은 채광이 좋아 찍는 사진마다 마음에 들었다. 당뇨 때문에 커피와 케이크를 못 즐겨도 행복했다.

한웅 씨에게도 아산의 최고 명물은 온천이었다. 1,300여 년 전, 백제 시대부터 온천수가 나왔다는 동네에서 한 달 동안 마음껏 온천을 즐겼다. 멀리 갈 필요가 없었다. 호텔 피트니스 센터에서 한 시간 동안 달리고 샤워하고 바로 온천탕에 앉았다. "이게 삶이로구나!" 혼자서 격하게도 감탄했다. 앞으로 무슨 일을 하든, 1년에 한 번씩은 한 달 살기를 하고 싶었다.

↑ 아산 은행나무길

★

　군 복무를 위해 휴학한 한웅 씨는 40일간 유럽 배낭여행을 다녀온 적이 있었다. "역시, 집이 최고야!"는 책이나 영화에서 나오는 말. 한웅 씨는 다시 떠나고 싶었다. 숙식을 제공해 주는 조건에 끌려 용인 에버랜드에 취직한 그는 쉬는 날마다 서울에 갔다. 온라인에서 만난 랜선 친구들을 오프라인으로 만났다. 돌아오는 버스 안에서는 도시를 옮겨 다니며 사는 미래의 자신을 그려봤다.

　2016년 2월, 한웅 씨는 봄이 오는 제주 성산에서 5주 동안 살았다. 게스트 하우스에서 무급 스태프로 일하며 숙식을 해결했다. 조식을 세팅하고, 손님이 떠난 객실을 청소하고, 체크인 업무를 보고, 파티에 참석할 손님을 확인하고, 장을 봐서 파티 준비를 했다. 가끔은 파티에서 사회도 맡았다. 또래 젊은이들과 스스럼없이 어울렸다.

　"이틀은 스태프로 일하고 이틀은 자유였어요. 게스트하우스가 성산에 있으니까 일출봉에 자주 오르고, 우도도 갔어요. 게스트 하우스 스태프들이나 손님들하고도 여행 다녔어요. 일몰도 꽤 많이 감상했고요. 아름다웠지만, 같이 일몰을 바라보는 사람들이 더 중요하다는 생각을 했던 것 같아요."

대전으로 돌아온 한웅 씨는 학교 공부를 하면서 틈틈이 전시회를 보러 갔다. 문화재과를 졸업했지만 취업할 데가 마땅치 않았다. 인프라가 잘 갖춰진 서울에서 더 많이 배우고 더 많은 사람들을 만나고 싶었다. 이태원이라면 더 바랄 게 없을 것 같다는 한웅 씨의 레이더망에 스태프를 구한다는 이태원의 한 게스트 하우스가 포착됐다.

이틀 만에 한웅 씨는 이태원 게스트 하우스 도미토리 한 칸에 짐을 풀었다. 오전 11시부터 오후 2시까지 청소를 했고, 밤에는 세계 각국에서 온 손님들과 어울렸다. 영어는 잘하지 못해도 보디랭귀지로 새벽 3~4시까지 이야기를 나눴다. 이태원 생활 두 달째부터는 게스트 하우스에서 주는 자유 시간을 활용했다. 오후 3시부터 11시까지는 근처 학원에서 안내 데스크를 맡으며 교실 청소하는 아르바이트를 했다.

"이태원에서는 자주 가는 펍이 있었어요. 버터 맥주를 천천히 마시면서 다른 사람들을 보는 게 좋았어요. 여러 국적의 사람들이 음악에 맞춰서 행복하게 춤추는 걸 보면 여기가 한국이 아닌 것 같다는 생각도 들었고요. 가끔 펍에서 유명

인들도 봤어요. 바로 옆 테이블에서요. 네 달간 이태원에서 행복하게 살았어요."

도시의 고유한 매력을 알고 싶다면 여행보다는 살아보는 게 낫다. 자기 시간을 들여야 사랑스러운 공간과 다정한 사람들을 알아보게 된다. 그래서 한웅 씨는 단골가게를 만들고 동네 친구들을 사귀었다. 그 지역에만 있는 서점에 가서 독립 출판물을 사 모으고, 필름 카메라를 파는 자판기 '필름로그'를 꼭 찾아다녔다.

낯선 도시에 산다는 건 학교에서 배울 수 없는 것을 새로 터득하는 시간이었다. 한웅 씨에게는 갭 이어 기간인 셈이었다. 사람들이 살아가는 다양한 방식을 보면서 '어떻게 하면 내가 행복하게 살아갈 수 있을까'를 고민했다. 성실하고 멋

지게 살아가는 사람들이 인생이라는 긴 마라톤에서 한웅 씨
와 함께 뛰어갈 동료들로 보였다.

  "무엇보다도 한 달 살기 하면서 제 자신을 많이 알 수 있었
어요. 예기치 못한 상황에서 제가 어떻게 헤쳐 나갈지 궁금
하니까 계속 해보고 싶어요."

  ★

  아산에서 한 달 살기 할 때 한웅 씨는 남들 다 먹는 음식을

먹지 못해 잠깐 예민해진 적도 있었다. 그럴 때는 나무가 많아 늦가을이 유난히 아름다운 아산의 풍경을 보며 천천히 걸었다. 한웅 씨는 블로그에 '이한웅이라는 사람의 인생에 들어와준 당신들에게 감사하다'고 쓸 만큼 마음이 순해졌다. 그러면 구겨진 마음이 잘 펴지고 새 힘이 생겨났다.

한웅 씨는 책 사는 돈을 아끼지 않는다. 읽고 싶은 책도 많아서 서점에 갈 때마다 꼭 구입한다. 지금까지 사 모은 책으로도 한웅 씨만의 매력이 드러나도록 공간을 꾸밀 자신이 있다. 나중에는 독립 출판과 한 달 살기를 결합한 프로그램을 대전에서 직접 운영해보고 싶다. 북스테이도 해보고 싶다. 해보고 싶은 게 서른 가지가 넘는다.

아산을 주제로 한 콘텐츠까지 만들고 나니 한 달 살기의 마지막에 다다라 있었다. "아, 좋다!" 하는 순간에 끝나버린 것만 같아서 한웅 씨는 밤을 새워 온앤오프 팀원들에게 줄 사진 엽서를 만들었다. 허전하지 않았다. 각자 제자리로 돌아가지만, 같이 지냈던 팀원들은 이제 한웅 씨의 친구가 되었다. 당뇨인도 마음껏 먹을 수 있는 지하철 1호선 온양온천역 근처의 훠궈 식당을 비롯한 맛집 스무 곳도 확실하게 한웅 씨 것이 되었다.

2021년 1월부터 한웅 씨는 서울에서 직장에 다닌다. 원래는 이태원에서 갈고 닦은 보디랭귀지로 100개 나라에서 살아보며 지구를 느끼고 싶었다. 이제는 국내 100개 도시에서 한 달씩 살아보고 싶다. 한웅 씨는 낯선 도시에서 여행하며 생활하는 일을 멈추고 싶지 않다.

↓ 아산 신정호수에서 보는 일몰

◇◇◇◇◇◇◇◇◇◇◇◇◇◇◇◇◇◇◇◇◇◇◇◇◇◇◇◇◇◇◇◇◇◇◇

아산 · 서울 한 달 살기를 위한 '영수증 살펴보기'

이한웅 씨가 한 달 살기에서 가장 중요하게 여기는 부분은 숙소. 그래서 도미토리 한 칸이 제공되는 게스트 하우스 무급 스태프로 몇 번이나 일했다. 지자체에서 운영하는 한 달 살기 프로그램은 숙소를 제공하기 때문에 그 도시를 향유하면서도 큰돈이 들지 않았다. 한웅 씨가 주로 쓰는 돈은 교통비와 식비, 책값. 한 달 예산 50만 원 안팎으로 살았다. 아산에서는 그보다 덜 들었다.

---

*충청남도 아산

숙소 0원(충청남도 청년 멘토 육성지원사업 프로그램에서 지원)

식비 13만 원(주말 기준, 주중에는 프로그램에서 지원)

대중교통 6만 원(주말 기준, 주중에는 프로그램에서 지원)

도서 7만 원

기타 비용 5만 원

한 달 평균 31만 원

*2020년 늦가을 기준

---

*서울 이태원

숙소 0원(게스트 하우스 무급 스태프로 근무)

식비 50만 원

대중교통 6만 원

기타 비용 15만 원

한 달 평균 71만 원

*2016년 겨울 기준

숙소 가는 길에 보는
노을, 부산 바다
사랑해!

_대학생 박혜린

10

혼자서 여행을 떠나본 적 없는 박혜린 씨의 버킷 리스트는 러시아 블라디보스토크에서 시베리아 횡단열차를 타고 모스크바에 도착해 거기서 유럽을 일주하는 것. 그러기 위해 휴학하고 아르바이트를 했다. 돈과 시간만 준비되면 떠날 줄 알았는데, 전 세계를 덮친 코로나19는 나라 밖 여행을 불가능하게 했다. 2020년은 손으로 꽉 쥔 모래처럼 빠져나갔다. 혜린 씨는 지금 가능한 여행을 생각했다. 교통이 편리하고 카페와 맛집이 많은, '바다 있는 서울' 같은 도시에서 한 달간 살아보기로 했다. 서울에서 첫눈 소식이 있던 2020년 11월 23일, 혜린 씨는 부산 서부 버스터미널에 도착했다.

★

거대한 미스터리만이 사람을 사로잡는 건 아니다. 서울에서 부산 가는 버스 안, 전날 밤에 잠을 못 잔 혜린 씨는 한 가지 생각에 골몰했다. KTX보다 훨씬 저렴한 일반 고속버스는 예매할 때부터 우등 고속버스처럼 28석이었다. 버스에 오르니 통로와 좌석은 여유 있었다. 어떻게 일반 고속버스 가격으로 우등 고속버스를 타게 된 걸까. 이 난제를 푸는 데 걸린 시간은 네 시간 20분, 부산에 도착해서 내린 결론은 '어쨌거나 개이득'이었다. 혜린 씨는 와우산 중턱에 위치한 달맞이길로 갔다.

"나, 부산에서 한 달 살기 할 거야!" 친구들 앞에서 선언하고 돌아온 그 날, 혜린 씨는 에어비앤비에서 숙소 하나를 발견했다. 해운대 해수욕장과 가까운 숙소의 월세는 53만 원. 장기간 머무는 사람들에게 빌려주는 방이라서 기본적인 생활용품들을 갖추고 있었다. 기다리던 영화의 예고편을 본 것처럼 보자마자 결제했다.

숙소는 친구의 방을 빌린 것처럼 마음에 들었다. 혜린 씨는 집주인에게 절을 해도 마땅하다고 생각했다. 먼저 부피를 많이 차지하는 겨울 옷들을 캐리어에서 꺼내 정리하고, 나가서 밀면을 먹었다. 혜린 씨는 해운대 근처의 대형 마트로 장보러 가면서 동네 구경을 했다. 줄곧 내리막길이라서 슬쩍슬쩍 누가 등을 밀어주는 것 같았다. 40분 넘는 거리를 가뿐하게 걸어갔다.

"저는 나무 수저로 밥 먹는 것을 좋아해서 수저부터 샀어요. 먹고 싶었던 프렌치토스트 재료랑 바나나도 사고요. 부산 온 첫날인데, 뭐 하지도 못하고 지쳐서 잠들었어요."

새벽에 잠깐 깬 혜린 씨는 달걀 푼 물에 식빵을 담가놓았다. 며칠 동안 머릿속을 간질이던 프렌치토스트를 만들려고 가스레인지 위에 프라이팬 을 올렸다. 그런데 가스 밸브는 마땅 히 있어야 할 자리에 없었다. 아무리 찾아도 없어서 프렌치토스트는 저녁 에 먹자고 재빨리 마음을 바꿨다. 부 산에서는 시간 부자니까, 프렌치토스
트는 언제든 먹을 수 있었다. 혜린 씨는 전자레인지를 이용 해서 아침을 간단하게 차려 먹고 영도 흰여울 문화마을로 가 는 1006번 버스에 올랐다.

★

혜린 씨는 부산에서 책방 투어를 하고 싶었다. 북카페 '손 목서가'에 가려고 흰여울 문화마을을 첫 번째로 찾아갔다. 혜린 씨는 책방을 찬찬히 둘러보았다. 읽어보고 싶어서 미리 점찍어 두었던 책《언니밖에 없네》가 눈에 들어왔다. 방금 산 책을 재미있게 읽는 기분은 즉각적인 만족감을 주었다. 더운 날에 아이스 아메리카노를 쪽쪽 마시는 것처럼.

영화 〈변호인〉 촬영지이기도 한 흰여울 문화마을. 한국전쟁 당시 피난민들이 해안을 따라서 경사진 절벽에 판잣집을 짓고 마을을 이루었다. 오늘날 여행자들은 '맏머리 계단'에서 끝샘이 있는 '도돌이 계단'까지 걸으며 파도 소리를 듣는다. 바다가 잔잔한 날에는 수면 위에서 반짝이는 윤슬을 보느라 가만히 서 있어 보기도 한다. 구름 한 점 없이 맑은 날에는 일본 대마도까지 보인다고 한다.

SNS 인스타그램에 의하면, 흰여울 문화마을의 포토존은 관광 안내소라고 했다. 혜린 씨는 삼각대를 세워놓고서라도 예

쁜 사진을 찍자고 결심했다. 그런데 혼자 온 여행자들의 마음을 읽는 훈련이라도 한 듯한 관리인 아저씨가 사진을 찍어주겠다고 했다. 아무도 없으니 잠깐 마스크를 내리라고 하고는 잽싸게 셔터를 눌렀다. "다른 포즈!" 관리인 아저씨는 사진가가 된 듯 혜린 씨

에게 외쳤다. 인생 사진이라고 할 만큼 예쁘게 나왔다.

부산은 바다의 도시면서도 오르막길과 계단의 도시였다. 흰여울 문화마을은 평평한 곳이 없었다. 내려가면 반드시 올라가야 했다. 혜린 씨는 오르내리는 게 힘들었다. 아름다운 바다를 옆구리에 끼고 절영 해안 도로를 걸으면 근사하겠지만, 한없이 계단을 타고 내려가야 하는 길을 발견하고는 서둘러 포기하고 버스를 탔다. 부산은 어디든 바다와 이어져 있으니까 아쉽지 않았다.

"친구들한테 해안 도로를 안 걸었다고 얘기했더니 꼭 가보라고 하는 거예요. 저도 흰여울 문화마을이 좋아서 서울 오기 며칠 전에 다시 갔어요. 노을 지는 시간에 딱 맞춰서 산책했거든요. 바다 뷰가 정말 예술이었어요."

20년 넘게 혜린 씨는 흰여울 문화마을이 있는 영도를 친근하게 여겨왔다. 어린 시절을 부산에서 보낸 혜린 씨 어머니는 딸에게 "영도 다리에서 널 주워왔다."는 농담을 자주 했다. 그래서인지 혜린 씨는 흰여울 문화마을에 밀도 깊은 감정을 느꼈다. 가족 단체 채팅방에 행선지를 소상하게 밝혔다.

"엄마! 나, 엄마 살던 영도 갈 거야?"

"응? 엄마는 초량 사람인데."

"그럼 엄마가 계속 말한 영도 다리는 뭐야?"

"원래 부산 사람은 다 영도 다리에서 주워오는 거야."

혜린 씨는 어머니의 고향 초량에도 갔다. 초량에는 일제강점기부터 살았던 사람들의 이야기를 되살린 이바구길이 있었다. 1922년에 지어진 옛 백제병원에서 시작하는 이바구길은 '168 계단'으로 이어졌다. 사람들이 지게를 지고서, 지팡이를 짚고서, 아기를 포대기에 업고서 오른 계단의 경사는 45도, 길이는 40m였다. 마을 곳곳을 천천히 둘러보려던 혜린 씨의 포부는 168 계단 앞에서 무너졌다. 그 옆으로 바짝 붙어 설치된 무료 모노레일을 탈 수밖에 없었다.

모노레일에서 내리면 전망대가 보였다. 드넓은 태평양으로 이어진 부산 앞바다는 하늘과 맞닿아 있었다. 어머니가 보고 자랐을 부산역도 보였다. 마을의 특색 있는 가게들은 대부분 코로나19 때문에 영업을 하지 않았다. 결국은 다시 마주하게 된 168 계단. 혜린 씨는 쪼그려 앉아서 따스하고 아기자기한 집 모형으로 꾸며놓은 계단을 구경했다.

★

숙소로 들어갈 때는 일몰을 봤다. 처음부터 혜린 씨가 해질 녘 바다 풍경에 집념을 갖지는 않았다. 부산 지하철 2호선 해운대역 근처에 있는 다이소에서 생필품 몇 가지를 사서 무심코 해운대 해수욕장으로 간 날, 노을 지는 장엄한 바다 앞에서 멍해졌다. 몇십 초 뒤에 정신을 차리고는 스마트폰으로 노래를 켜놓고 붉게 물든 큰 바다를 감상했다. 미쳤다고, 진짜 최고라고, 이 맛에 한 달 살기 한다면서 감탄했다.

"사실은 일출도 너무 보고 싶은데, 제가 야행성이에요. 아침에 해 뜨는 거 보려면 밤을 꼬박 새워야 해요. 그래서 일몰을 더 많이 보려고 했죠. 숙소가 부산 끝쪽이어서 영도나 부산역에 가려면 한 시간이나 한 시간 반 동안 버스를 타야 했

↓ 노을 지는 부산 해운대 해수욕장

어요. 집으로 돌아올 때 광안대교를 가로질러 오는데 거기서 보는 일몰이 너무 예쁜 거예요. 부산에서 한 달 살기 할 때는 저녁 시간대가 제일 기분 좋았어요."

혜린 씨는 그날그날 찍은 사진을 확인하고 보정했다. 잘 나온 사진은 친구들에게 공유했다. 블로그에 글을 쓰고, 다이어리에 꼼꼼하게 기록하고, 침대에 엎드려서 책을 읽고, 비스듬하게 누워서 영화를 봤다. 일주일에 한 번씩은 이마트에서 장을 봐왔다. 숙소 바로 앞에 마을버스 정류장이 있어서 언덕길을 안 걸어도 되니까 행복했다.

한 달 살기 하는 혜린 씨를 보러 와준 첫 번째 손님은 친언니였다. 혜린 씨는 일곱 살 차이 나는 언니랑 죽이 잘 맞았다. 바다를 안 보니까 부산 온 기분이 안 난다는 언니를 위해 노을 지는 해운대로 갔다. 주홍빛으로 물들어가는 겨울 바다를 보는 뒷모습을 찍어줬더니 언니는 딱 맘에 든다고 바로 카카오톡 프로필 사진으로 썼다.

부산이라고 해도 어깨가 저절로 움츠러들 만큼 추운 날도 있었다. 한낮에 비추는 볕의 온기가 채 가시지 않은 바다는 거리보다 더 따스하게 느껴졌다. 혜린 씨와 언니는 광안리 해수욕장으로 갔다. 바람이 잔잔해서 하늘의 뭉게구름이 마치 바다 위에 떠 있는 것처럼 보였다. 순간적으로 바다와 하늘이 온통 하얗고 파래서 마치 볼리비아 우유니Uyuni 소금 사막 같았다.

한낮의 광안리에서 혜린 씨는 자신의 변심을 자각했다. 며칠만 머물다 가는 여행을 할 때는 광안대교에 반짝이는 조명이 들어온 밤을 좋아했다. 부산에 살다보니 눈부신 대낮에 보는 광안리가 더 마음에 들었다. 새하얀 광안대교가 예쁘게 보

였기 때문이었다. 하지만 친언니랑 매서운 바람이 부는 밤바다에서 발을 동동거리며 광안대교의 야경을 구경하는 것도 기쁨이었다.

"언니를 김해공항에 데려다주고 혼자 돌아올 때 외롭더라고요. 허한 느낌이었어요. 그 뒤로 이틀간 숙소에서 꼼짝 않고 영화〈해리포터〉시리즈를 정주행했어요. 떡볶이하고 김치찌개만 먹으면서요."

혜린 씨에게 다시 활력을 준 이들은 중학교 친구들이었다. 일하고 공부하느라 바쁜 친구들이 부산에 온다고 해서 빨래를 개고, 쓰레기를 버리고, 숙소 구석구석을 깨끗하게 청소했다. 달맞이길을 20분 넘게 걸어 내려가 이마트에서 장을 보고, 친구들이 좋아할 만한 여행 계획을 짰다.

　회를 먹는 것과 해수욕장에 앉아서 커피를 마시는 것. 친구들은 하고 싶은 일을 정확하게 말해줬다. 세 명은 해운대 백사장에서 음악을 들으며 커피를 마셨다. 혜린 씨는 광안리에서 친구들의 다리가 길어 보이게 사진을 찍어주었다. 맛있는 음식을 먹고, 많이 웃고, 숙소로 돌아올 때는 방어회를 포장해왔다. 마치 수학여행 온 학생들 같았다. 불 꺼놓고 스마트폰 하면서 이야기하다가 새벽에 잠들었다.

　며칠 뒤 친구들은 서울로 돌아가고, 다시 혼자가 된 혜린 씨는 산책 삼아 동백섬으로 갔다. 진짜로 수학여행 온 것처럼 누리마루 APEC 하우스의 안내문을 자세히 읽고, 노무현 전 대통령이 21개국 정상들과 찍은 기념사진을 봤다. APEC 하우스 산책로를 걸으면서 또 바다가 미치게 아름답다고, 뉘엿뉘엿 해지는 바다를 처음 목격한 사람처럼 감탄하며 사진을 찍었다.

★

한 해가 저물어가는 12월. 부산 바다는 낮에는 따스했지만 밤이 되면 칼바람이 불어왔다. 혜린 씨는 옆에 꼭 붙어 걸을 사람이 없어 더 추운 것처럼 느껴졌다. 그러거나 말거나 부산의 마을버스는 한 치의 틈도 없었다. 늘 정해진 시간에 도착해 숙소 앞 정류장에 혜린 씨를 정확히 내려줬다. 서울 집에만 있었더라면, 시베리아 횡단열차를 타고 러시아 모스크바Moskva에 갔더라면 몰랐을 소소하고도 정확한 행복 중 하나였다.

자잘한 일에서 오는 행복처럼 실망도 그렇게 밀려왔다. 한국의 베네치아, '부네치아'라는 별명을 가진 장림 포구에 갈 때 혜린 씨는 특별히 원피스를 입고 화장을 했다. 웨딩 스냅 사진을 많이 찍는다는, 알록달록한 창고들이 즐비한 포토존은 끝내 못 찾았다. 마치 말레이시아 코타키나발루에 온 것 같다는 다대포 해수욕장에서는 "이게 뭐야?"라는 탄식이 나오고 말았다.

↑ 부산 용궁사 가는 길

↓ 부산 청사포에서 본 윤슬

"아무 기대 안 했는데 좋은 곳도 있었어요. 강추(강력추천)하고 싶은 곳은 해운대 블루라인 파크요. 달맞이길에서 청사포, 송정까지 옛날 기찻길을 따라서 바다를 보며 걷는 길이에요. 저는 너무 좋아서 용궁사까지 걸어갔어요. 엄마가 송정 해수욕장에 있는 '문 토스트'를 꼭 들르라고 했는데, 마스크 벗는 게 애매해서 하루 종일 포장한 토스트를 들고 다녔지만요."

집에 갈 날이 가까워지면서 혜린 씨는 멀리 나가지 않았다. 졸업 후에 영화계에서 일을 하고 싶으니까 자연스럽게 극장에서 혼자 영화를 관람하거나 숙소에서 영화를 즐겨 봤다. 밤마다 조금씩 정리한 짐을 편의점 택배로 보내고, 냉장고에 남아 있는 재료로 두부 김치를 해서 구운 삼겹살과 먹었다. 그리고는 KTX보다 저렴한 비행기를 타고 서울로 돌아왔다.

마스크로 입과 코를 가리고 다니던 일은 금방 추억이 되지 않았다. 해가 바뀌었어도 사람들은 사회적 거리두기를 하며 일상을 꾸려나가고 있다. 그래서 다들 간절하게 여행을 꿈꾼다. 2021년에 복학한 혜린 씨도 코로나19가 종식되면 떠날 먼 나라들과 한 달 살기 하고 싶은 국내 도시들을 주저하지 않고 단박에 말할 수 있다.

부산 한 달 살기를 위한 '영수증 살펴보기'

박혜린 씨는 부산에서 카페를 많이 다 닐 생각이었다. 그러나 부산 생활 9일 차에 사회적 거리두기는 2.5단계로 격상되었다. 카페 와이파이로 블로그 에 글을 쓰며 취향에 맞는 음료와 디 저트 먹는 재미를 누리지 못하게 됐 다. 그게 예상보다 돈을 덜 쓴 이유다. 저질 체력이지만 거의 날마다 각기 다

른 멋을 가진 부산의 바다에 갔다. 숙소가 있는 달맞이길에서 대체로 걸어 내려갔고, 집으로 돌아올 때는 반드시 버스를 탔다.

숙소 53만 원(에어비앤비 이용)

식비 46만 원(언니가 왔을 때 쓴 식비 30만 원은 엄마가 보내준 특별용돈이 라서 예산에 포함하지 않음)

대중교통 ① 57,000원(서울~부산 편도버스요금 25,000원, 부산~서울 편 도 항공요금 32,000원)

대중교통 ② 10만 원(부산 한 달 살기 하는 동안 사용한 비용)

기념품 쇼핑 9만 원

한 달 평균 125만 원(1,237,000원)

*2020년 겨울 기준

한 달 살기 TMI
질문과 대답

질문 리스트

Q1 한 달 살기 하면서 가장 좋았던 순간,
가장 지루했던 순간

Q2 한 달 살기 하면서 가장 쓸모 있던 물건과
쓸모없던 물건

Q3 가보고 싶은 한 달 살기 지역,
계획하고 있는 한 달 살기 지역(국내)

Q4 한 달 살기를 고민하는 사람에게
해주고 싶은 한 마디

"일상에 작은 모험 한 스푼, 한 달 살기를 시작하세요."

안유정 씨 대답 강릉

A1   가장 좋았던 순간은 6월 초 날씨 좋은 오후에 안목 해변의 백사장에 누웠을 때. 등에 따끈한 모래를, 얼굴과 팔에 시원한 바람을 느끼면 가장 행복했습니다.

가장 지루했던 순간은 이른 저녁에 집으로 돌아갈 때였어요. 근원적 불안감에서 잠시 피해 있을 뿐 한 달 살기를 해도 변하는 것은 없다는 것을 깨달았을 때 지루함(삶의 지겨움 혹은 무의미함)이 몰려왔어요.

A2   쓸모 있던 물건은 밥솥이었어요. 강릉은 맛집이 많지만 매일 외식을 할 수는 없는 법(게다가 강릉 식당들은 일찍 문을 닫아요). 숙소에 와서 밥솥에 쌀을 올리고 밥이 되는 동안 빈둥대다가 엄마가 싸주신 밑반찬에 밥 한 그릇 비우고, 저녁 시간을 여유롭게 즐길 수 있어 좋았습니다. 쓸모없던 물건은 블루투스 스피커예요. 평소 음악을 틀어놓고 살았지만, 한 달 살기 하면서 숙소에 음악을 거의 켜놓지 않았어요.

A3   기회가 된다면 지리산에서 한 달 살기를 해보고 싶어요.

A4   '비일상'을 '일상'으로 만드는 작은 모험을 시도해보세요. 생각지 못했던 좋은 기회와 인연이 생길지도 몰라요.

"사는 데 한번쯤 저질러보는 것도 괜찮잖아요."

김민경 씨 대답 완주

A1 가장 좋았던 건 이곳에서 기본적인 것들을 다시 배울 때였어요. 왜 해야 하는지를 알지 못한 채 해야 한다고 알고 있던 일들에 대해 정리할 수 있게 되었고, "안 하겠습니다!" 라고 말할 수 있는 용기가 생겼어요.

가장 지루했던 순간은 단수가 돼서 기약 없이 기다릴 때였어요.

A2 쓸모 있던 물건은 자동차를 말하고 싶어요. 이왕이면 트렁크가 큰 자동차가 좋을 것 같아요.

제일 쓸모없던 건 배달시키는 버릇이었어요. 완주에서는 쓰레기 버리는 게 어려웠거든요. 음식이든 물건이든 점점 쌓이는 쓰레기를 보면 죄책감이 덩달아 따라왔어요.

A3 딱히 없습니다.

A4 여건도 상황도 자기가 만드는 것 같아요. 고민하는 건 많이 원하지 않아서일지도 모르니, 자기 마음을 빨리 읽고 저질러보기! 상황은 만들어지고 굶어 죽는 건 생각보다 쉽지 않을 거라고 믿어요.

"한 달 살기는 잘 쉬고 오면 그만. 별 게 아니랍니다."

김현 씨 대답 `지리산`

A1　3년간의 한 달 살기 경험 중 가장 좋았던 순간은 항상 '떠나는 당일부터 며칠 동안'. 벅차오르는 설렘과 기대감으로 하루 종일 충만합니다. 매해 그랬네요. 떠나기 전엔 준비하고 챙길 게 많아 버겁고(특히 아이들과 함께인 경우) 여행 초반이 지나면 어찌어찌 일상이 되곤 합니다.

A2　쓸모 있던 물건은 물놀이 용품과 파리채요.

A3　아이들에게 물어보니 지리산에 한 번 더 가고 싶다고 하네요.

A4　뭘 고민하나요? '개뿔' 별것도 아니랍니다. 혹시 한 달 살기를 계획하고 있다면 그냥 떠나세요. 하지만 잊지 마세요. 한 달 살기 한다고 내 삶이 크게 달라지지 않을 수 있어요. 그래도 힘들 때 한 번씩 꺼내 먹는 '초콜릿' 정도는 되는 것 같아요.

"한 달 살기가 인생의 전환점이 될지는 아무도 몰라요."

김경래 씨 대답 **속초**

A1   하루 종일 아이와 단둘이 속초를 걸으며 보았던 풍경이 기억에 남아요. 일출과 일몰, 맛있는 음식을 먹었을 때의 즐거움, 숙소에서 아이와 하던 술래잡기, 아이가 잠들었을 때의 천사 같은 모습. 모든 게 제게는 절대 잊지 못할 추억이에요. 특히 아이와 함께 바라본 동해 바다의 넓고 푸른 풍경이 기억에 남아요.

가장 지루했던 시간은 야외 활동이 어려울 때였어요. 한 달 살기 중간에 태풍이 와서 밖으로 나가기 힘들었어요. 나흘 정도는 야외 활동이 어려웠고, 대신 하루에 한 번씩 자동차를 타고 나갔어요. 하지만 속초는 가볼 만한 곳들이 야외에 있는지라 한계가 있었어요. 결국 숙소에서 지내는 시간이 많아져서 아이와 함께하는 시간이 많아지다 보니 체력적으로 좀 힘들었어요.

A2   아이가 집에서 쓰던 물건들을 가져갔던 게 가장 쓸모 있었어요. 숙소 안에서도 시간을 보내기에 아이가 집에서 가지고 놀던 장난감은 특히 큰 도움이 되었어요. 체온계와 비상약도 큰 도움이 되었어요. 참고로 햇빛이 강한 날씨라면 아이가 바를 수 있는 선크림과 비판텐도 챙기세요. 해변에 간다면

고무신도 추천해요. 야외로 나간다면 보온병이 필요해요. 야외에서는 아이가 먹을 수 있는 먹거리가 마땅치 않기에 아이 밥을 보온병에 준비해서 갖고 다니는 것도 좋은 방법이에요. 쓸모없는 물건은 아이 밥상과 청소기였어요. 둘 다 숙소에 있어서 충분히 해결할 수 있었어요. 숙소에 어떤 물품이 있는지 충분히 확인하고 가시길 추천해요.

A3　아마도 속초를 또 가지 않을까 싶어요. 이번에는 아내가 가고 싶은 곳으로 가볼까 싶기도 해요. 가던 여행지에서 과거를 추억하며 마음을 다스리는 저와 달리, 아내는 가보지 않은 곳을 선호해요. 결혼 생활 동안 제주를 두 번 다녀왔는데, 아이에게 보여줄 자연환경과 풍경은 가족 모두를 힐링시켜줄 수 있지 않을까 생각해봅니다.

A4　한 달 살기. 선뜻 떠나기 쉽지 않은 게 현실이죠. 하지만 한 달 살기에 대한 욕심이 있다면 추천해요. 한 달 살기 첫날부터 여행으로 왔을 때 못 봤던 새로운 풍경을 볼 수 있을 거예요. 물론 예산도 중요하기에 계획도 필요해요. 저는 갖고 있는 것을 줄이고 절약해 비용을 만들어서 다녀왔어요. 사실 이 과정은 제게 단단한 자양분이 되었어요. 솔직히 말해서 한 달 살기는 제게 큰 전환점이었어요. 아이를 위해 여행을 준비한 과정으로 제가 좀 더 많이 변했어요.

"한 달 살기가 부담스러우면 일주일 살기 어때요?"

이은영 씨 대답 `제주`

A1   가장 좋았던 순간은 언니랑 제주에서 함께한 시간이었어요. 공항에서 언니를 만난 순간, "서귀포 시장 가자. 내가 너 갈치조림 해주려 왔다." 이 말 들은 순간을 잊지 못해요.

가장 지루했던 순간은 카페에서 딸이 그림 그리기를 마치길 기다리는 시간이었어요. 당시 전 마음이 바빴어요. 시간이 아까웠거든요. 그리고 제주에서 벗어나길 희망하는 가족이 폭설로 제주에 묶여 있을 때 불안하고 미안했어요.

A2   다른 사람은 이해 못할 수 있지만 녹즙기가 쓸모 있던 물건이었어요. 제주의 귤과 양배추를 신선한 주스로 만들어 풍족하게 먹을 수 있어서 좋았어요.

제주 여행 정보 출력물은 쓸모없었어요. 매일이 충동적인 여행이었고, 스마트폰이 있었기에 크게 필요하지 않았어요.

A3   가보고 싶은 한 달 살기 여행지, 그리고 일 년 살기 여행지는 또다시 제주예요. 비교적 안전하고, 여행자에게 호의적이기 때문이죠. 제주의 하늘, 바다, 까만 돌이 그립고, 자연환경이 육지와 다르기 때문에 자주 가고 싶어요. 배나 비행기를 이용해야 갈 수 있기에 충동적인 출발이 제한적이기 때문

이기도 하겠지요.

A4 한 달 살기가 부담스러우면 일주일만 여행해보세요. 그것도 참 좋아요.

"한 달 살기는 산책의 즐거움을 알게 해줘요."
박정선, 홍성우 씨 대답 제주

A1 가장 즐거움이 컸던 순간은 함덕 해변에서 서우봉으로 오르는 중턱에서 에메랄드빛 바다가 햇빛에 반사되어 반짝거리는 풍경을 볼 때였어요. 장생의 숲, 삼나무숲, 편백숲 외에 조붓한 길까지 걷는 내내 행복했어요.

가장 지루했던 순간은 비 오는 날 밖에 나가지 못하고 창밖만 보면서 쉰 날이었어요.

A2 가장 쓸모 있었던 물건은 커피 드리퍼와 믹서기예요. 매일 아침 갓 볶은 커피를 드리퍼로 내려 마시니까 좋았어요. 그리고 믹서기에 제주산 콜라비나 당근을 주스로 만들어 먹을 수 있어서 좋았어요.

쓸모없던 물건은 여름옷이요. 제주의 4~5월 날씨는 바람도 많이 불고 추운 편이라 긴소매 옷이 필요했거든요. 여름옷만 입기에는 너무 추웠어요.

A3   다음에 가보고 싶은 한 달 살기 여행지는 속초예요. 산과 바다를 모두 볼 수 있고 예쁜 해변도 많고 아늑한 도시일 것 같아서 기대돼요.

A4   며칠 머무는 짧은 여행과 살아보는 한 달 살기는 많이 달라요. 한 달 살기를 하면 심적 여유도 생기고 시야가 넓어지니까요. 익숙한 길도 구석구석 직접 발로 찾아다니면 현지인처럼 느끼고 즐길 수 있어서 좋을 거예요. 그야말로 강추(강력 추천)합니다.

**"한 달 살기는 내가 꿈꾸던 곳에서
재충전할 수 있는 기회예요."**

이희복 씨 대답 제주

A1   가장 좋았던 순간은 무농약 귤 농장 주인과 특별한 인연을 맺고 직접 딴 귤을 지인들에게 보내주었던 것이요. 제주에서 제주를 가장 제대로 느낄 수 있던 순간이었죠.

A2   특별히 없습니다.

A3   경기도 양평인데, 예쁜 딸이 사는 구리와 가깝고 다슬기가 많은 계곡이 곳곳에 있기 때문이죠.

A4   가고 싶고 살고 싶은 곳에서 살아본다는 것은 얼마나

큰 축복인지 가보면 압니다. 재충전이 되면 삶의 질이 달라지니 무조건 떠나길 권해요.

"안식월을 한 달 살기로 알차게 쓰세요."

권나윤 씨 대답 군산

A1 가장 즐거웠던 순간은 제가 좋아하는 작가님들이 군산에 오는 금요일이요. 아침부터 설레었어요. 작가님들이 군산에 대해 좋은 인상을 받았으면 했는데, 당연하게도 작가 강연회가 끝나면 감동과 감탄을 하셨어요. 그 모습이 좋았어요.

A2 쓸모 있던 물건은 이웃 분께서 빌려주신 프라이팬. 계란밥을 먹을 수 있게 해준 소중한 도구였어요.

A3 부산이요. 나고 자란 곳이지만 그립지 않은 곳인데, 갈 때마다 좀 더 머무르고 싶은 생각이 들어요. 이 희한한 마음의 정체를 알고 싶어요.

A4 머뭇거리는 사이, 당신의 소중한 안식일이 점점 줄어듭니다. 30일, 29일, 28일, 27일…. 지금 당장 가방을 싸세요. 잘 곳은 많아요.

"자기 자신을 사랑한다면 한 달 살기를 추천해요."

이한웅 씨 대답 아산

A1   스스로를 좀 더 알아가는 순간순간이 너무 좋았고 소중했어요! 늘 좋은 사람들과 함께 하는 시간도 좋았고요.

A2   쓸모 있던 물건은 카메라! 필름 카메라를 추천하고 싶어요. 필름이 주는 감성이 있어서 가져가면 좋을 것 같아요. 그리고 한 달 살기를 할 때마다 공부할 책을 가져갔는데, 단 한 번도 공부한 적이 없어서 쓸모없었어요.

A3   강릉에서 살아보고 싶어요. 매일 바다를 보며 사진 찍으면서 살아보고 싶어요!

A4   사람들은 살아가면서 많은 시간을 어떻게 보내야 할지 고민하기보다는 살아가기 위해 시간을 보낼 때가 많은 것 같아요. 한 달 살기는 스스로를 돌아보는 시간, 앞으로 어떻게 살아가야 할지 어떻게 더 행복하게 살아갈지 고민할 수 있는 충분한 시간이라고 생각해요!

"시작은 어려울 수 있어요.

그러니 국내에서 예습해보는 거죠."

박혜린 씨의 대답 부산

A1 숙소가 해운대 쪽이었는데, 영도나 초량을 구경하고 숙소로 돌아오려면 버스를 타고 꽤나 달려야 했어요. 그래서 버스를 타고 돌아오는 길에 창밖으로 일몰을 봤어요. 숙소 올 때 광안대교를 건너서 왔는데, 거기서 보는 창밖 풍경이 너무 예쁘더라고요.

지루했던 순간은 거의 없었는데, 굳이 꼽자면 언니를 공항에 데려다주고 집으로 돌아오는 길이 멀게 느껴졌고 외로운 기분이 들었어요. 지하철을 타고 왔는데 바깥 풍경도 보이지 않으니까 좀 더 지루하게 느껴졌어요.

A2 가장 쓸모 있던 물건은 에어팟과 이어폰이었어요. 저는 외출할 때 노래 듣는 것을 좋아해서 이 두 개는 꼭 들고 나가는데, 이번 한 달 살기에서도 알차게 사용하고 왔습니다.

쓸모없던 물건은 의외로 카메라였어요. 이전 부산 여행에서는 DSLR로 사진을 많이 찍어와서 이번 한 달 살기에도 들고 갔었는데, 요즘 스마트폰 카메라가 잘되어 있어서 필요가 없었어요. 몸을 가볍게 하려다 보니 무거운 카메라를 잘 안 가지고 나갔어요.

A3 제주나 안동에 가보고 싶어요. 제주는 역시 한 달 살기의 성지 아닐까요? 부산에서는 혼자서 조용히 보낸 한 달 살기였다면, 제주에서는 게스트 하우스에서 사람들을 만나며 새로운 문화를 접해보고 싶어요. 안동은 부산 한 달 살기처럼 조용하게 지내보고 싶은 장소인데, 나무와 숲이 보이는 곳에 숙소를 잡아서 초록빛깔 속에 파묻혀 있다가 오고 싶어서 꼭 한 번 가보고 싶어요. 기왕이면 한 달 살기로 말이죠.

A4 사실 타지에서 한 달 살기를 한다는 것이 쉬운 일은 아니죠. 준비해야 할 것도 많고 마음의 준비도 필요할 테니 말이에요. 하지만 그만큼 가치 있는 일이라고 생각해요. 한 달 살기를 마치고 나면 남는 것도 많을 거라고 자부합니다. 여행지의 추억 이외에도 자기를 돌아보고 앞으로의 나를 그려보는 시간을 가지기에는 안성맞춤인 한 달 살기. 국내에서 시작해보는 건 어떨까요?

모든 일에는 타이밍이 있나 보다.

몇 년 전부터 '생활해보는' 여행 방식은 독자에게나 나에게나 실현해보고 싶은 버킷 리스트로 자리 잡았다. 내가 살고 싶은 곳에서 긴 듯 짧은 듯 머무르는 여행이다 보니 '한 달 살기'라는 용어로 굳어진 모양새였다. 사실 '한 달 살기'는 단어 그 자체만으로도 매력적이었다. 이유와 사연이 어떻든 놀고먹고 쉬고 싶은 마음은 누구에게나 조금씩 있으니까.

하지만 '한 달 살기'를 글로써 예쁘고 다정하고 섬세하게 풀어줄 작가를 찾는 건 쉽지 않았다. 삶의 모든 순간이 글의 재료가 될 수 있지만 책으로 만드는 문제는 조금 다르니까. 내 궁금증은 커져만 갔다. 왜 많은 여행자들이 한 달 살기를 떠나고 또 다시 떠나는지. 그 마음에 대한 실마리를 찾고 싶었다. 나도 모르고 여러분도 잘 모르는 보통의 여행자(라고 하지만 나보다 더 용기 있는 사람들이다) 이야기가 궁금했다. 대답을 열렬히 찾은 덕분일까. 배지영 작가님께서는 이 어렵고도 매력적인 제안에 선뜻 응하셨다.

    바람이 선선하게 불던 10월, 군산에서 처음 작가님을 만났다. 나는 그날을 '작은 여행'으로 기억한다. 한길문고에서 책에 둘러싸인 채 이야기를 나누고 원도심에서 밥을 먹고 산책을 했다. 작가님은 (나를 아는 많은 사람들은 믿지 않지만) 낯가림이 심한 나를 귀한 손님으로 대했다. 긴 호흡으로 여행하는 한 달 살기에 대한 이야기를 꺼냈다. 한 달 살기 여행자들의 목소리와 생각을 담아달라고 부탁 드렸다. 그리고 서울로 돌아오는 길에 확신했다. 이 작업은 유쾌할 거라고. 작업은 물 흐르듯 이어졌다. 오랜 시간 고민해서일까. 열심 가득한 작가님과 너그러운 인터뷰이들 덕을 톡톡히 봤다. 책을 만드는 내내 즐겁고 감사한 마음이 들었다. 마지막 원고를 받던 날 생각했다. 이제 밥상 잘 차릴 일만 남았구나.

    이 책은 국내 곳곳에서 한 달 살기 한 사람들의 이야기이자 삶의 한 조각이다. 각자 떠난 이유는 각각이지만 인터뷰이들이 공통적으로 하는 말이 있다. 한 달 살아보면 자기 삶을 여유롭고 분명하게 살필 수 있다는 것, 당장 큰 변화는 없지만 자기 삶의 무게를 잘 짊어낼 수 있다는 것. 그것만으로

도 한 달 살기는 해볼 만하다고 말한다. 인터뷰이들은 우리
와 비슷하다. 맡은 바 열심히 일하고, 놀기 좋아하고, 사람들
과 부대끼며 살아간다. 차이가 있다면 그들이 먼저 한 달 살
기를 갔다 온 것 정도다.

   마스크가 일상인 지금 우리는 어떤 여행을 고민해야 할까.
한 달 살기 지역에서 살면서 마주한 변수들은 여행자에게 기
회일까 전환점일까 다른 무언가일까. 숱한 궁금증에서 시작
한 책에는 다양한 대답이 들어 있다. 하나의 정답은 없다. 하
지만 분명한 건 있다. 한 달 살기는 일상에 지친 나를 회복시
키는 시간이라는 것. 바쁜 일상으로 돌보지 못했던 소중한
나 자신을 돌보는 것. 사소한 순간을 포착해내고 실없이 웃
고 떠드는 것. 그리고 다가올 일상을 살아낼 '마음의 근육'을
만드는 시간이라는 것. 사람들의 이야기를 따라가는 동안 잠
깐이라도 한 달 살기의 기분을 만끽하고 쉼이 되는 시간을
갖길 바란다. 그리고 자기의 타이밍을 재보길 바란다.

다녀왔습니다,
한 달 살기

초판 1쇄 발행 | 2021년 5월 25일
초판 2쇄 발행 | 2021년 11월 23일

지은이 | 배지영
발행인 | 윤호권·박헌용

본부장 | 김경섭
책임편집 | 강경선
인터뷰이(사진제공) | 권나윤·김경래·김민경·김현·박정선(홍성우)·
박혜린·안유정·이은영·이한웅·이희복

발행처 | (주)시공사
출판등록 | 1989년 5월 10일(제3-248호)
주소 | 서울시 성동구 상원1길 22 (우편번호 04779)
전화 | 편집 (02) 2046-2863 · 마케팅 (02) 2046-2800
팩스 | 편집 · 마케팅 (02) 585-1755
홈페이지 | www.sigongsa.com

ⓒ 배지영 2021

ISBN 979-11-6579-573-3 03980